20세기 화장문화사

A History of Beauty Culture
In The 20th Century

김지희
정윤희 저
황윤정

경춘사

20세기 화장문화사

지은이 김지희 · 정윤희 · 황윤정
발행인 안 중 기
발행처 도서출판 경춘사
등록번호 제10-153(1987. 11. 28)

인쇄 2006년 2월 20일
발행 2006년 3월 5일
2쇄발행 2015년 9월 1일

서울시 마포구 마포대로 14길 31-9 경춘빌딩 101호
전화 716-2502, 714-5246
팩스 704-0688
www.kcpub.co.kr

값 19,000원

ISBN 89-5895-012-9 93590

머리말

20세기 화장문화사를 내면서…

신체를 아름답게 꾸미고 장식하는 행동은 고대로부터 인류가 행해 온 본능적 행위임과 동시에 문화적 행위이다. 신체의 장식은 얼굴이나 머리를 치장하는 미용과 의복을 통해 차림새를 아름답게 꾸미는 패션을 모두 의미하고 인간의 외모 형성에 영향을 미치는 요소라 할 수 있다. 특히 현대 사회의 외모에 대한 관심의 증가는 패션과 미용에 대한 관심을 나날이 증가시키고 있으며 미용은 패션과 함께 하나의 학문으로써 그 가치를 인정받고 있다.

패션과 미용은 서로 불가분의 관계를 맺고 있는 분야이므로 본 책에서는 패션과 메이크업, 헤어를 아우르는 광범위한 분야를 시대별 사회문화적 배경과 함께 살펴보았다.

화장문화사를 다룬 책은 이미 나와 있지만 대부분의 책들은 고대로부터 근대에 이르는 20세기 이전의 화장 문화에 초점이 맞추어져 있고 20세기의 화장 문화를 중심으로 다룬 책은 부족한 실정이다. 미용과 패션의 눈부신 발전이 20세기에 이르러 이루어졌음을 생각할 때 20세기의 화장 문화에 대한 이론적 뒷받침이 될 수 있는 교재의 필요성을 절감하게 되었고 이에 20세기의 화장 문화를 중점적으로 다룬 본 책을 출간하게 되었다.

이 책이 피부미용이나 뷰티디자인, 패션디자인 등 화장 문화와 직 · 간접적으로 관련 있는 학업에 매진하고 있는 학생들에게 학문적 도움을 주고 현대 화장 문화에 관심이 있는 다양한 계층의 일반인들에게도 미용과 패션을 이해하는데 보탬이 될 수 있기를 바란다.

부족하고 미숙한 부분은 앞으로 계속 연구하고 수정 · 보완하도록 하겠다.

이 책을 출판할 수 있도록 각별히 애써 주시고 편집과 교정 과정에 도움을 주신 경춘사 사장님을 비롯하여, 여러 담당자님들께 지면을 빌려 진심으로 감사의 말씀을 드린다.

2006년 2월

저자 일동

CONTENTS

PART 1
화장의 기원

신체는 우리의 영혼과 실체를 연결해주는 유기적 존재이며, 사회생활 속에 자신을 직접 투영시켜주는 매개체라고 할 수 있다. 신체를 이용하여 표현되어지는 것은 그 시대의 사회를 대변하고, 인간의 발전정도, 사회의 표현상, 사회적 통제력 등을 말해준다. 일반적으로 사회적 규범에는 한계가 있으므로 사람들은 보편적인 범주 내에서 외모를 결정하게 되며, 만일 그 한계를 벗어나면 타인들로부터 비난을 받게 된다. 신체적 표현의 습관들은 특정 사회의 가치관을 이해할 수 있게 하고, 또한 친밀하지 않은 다른 민족을 이해하기 위한 좋은 수단이 된다.

화장이란 인류 역사가 시작된 이래 다른 동물에 존재하지 않는 인간 고유의 문화적 행위로써 아름다움을 느끼며, 그에 대한 동경과 미(美)를 추구하는 것은 인간의 본능이라 할 수 있다.

문명의 상징으로서 화장은 선사시대부터 시작되었고, 유사시대를 통해서 인류는 계속해서 화장을 해 왔다. 채색을 통해서 대담하게 꾸미거나 때로는 잃어버린 젊음을 되찾고자 안료를 사용하여 외모를 꾸몄다. 또한 일찍부터 화장하는 것을 아름다워지는 하나의 수단으로 간주했던 것 같다.

원시시대의 화장은 사회적 지위와 종교적인 것에 의해 행하여지는 경우가 많았다. 최초의 화장은 몸을 보호하기 위해서 일종의 위장(camouflage)으로 행했으며, 미개민족 사이에서는 신분이나 지위를 나타내는 것으로서 화장을 시작했다고 볼 수 있다. 얼굴에 색을 칠하는 것은 우리에게는 화장이라는 것에 의해 당연시 되고 있으나, 옛날에는 제례(祭禮)등을 올릴 때 특별하게 색을 칠할 때가 많았으며, 이는 사악한 것을 물리친다는 의미이기도 했다.

화장은 부족의 코드(code)였으며 주술사(shaman)의 특징이었다. 주술사는 부족으로부터 자신을 차별화하기 위해, 특히 부족을 지키려는 의식을 거행하는 동안, 재와 섞은 동물기름이나 식물염료 등으로 얼굴과 몸에 화장을 했다. 최초의 화장품은 열매 염료와 식물염료, 재 혹은 광물을 빻아 가루로 만들어 곰의 지방과 섞어 사용되어졌고 선명한 무늬로 칠해졌다.

이러한 화장의 기원은 학자들의 관점에 따라 여러 가지 설이 있다. 화장의 기원을 설명하는 학설은 다양하지만 대표적인 것으로 장식설, 이성유인설, 보호설, 종교설, 신분표시설 등으로 설명할 수 있다.

1 장식설

장식설은 인체를 장식(decoration)하기 위해 본능적으로 하게 되었다는 학설로 지구상의 모든 종족 가운데 의복을 착용하지 않은 종족은 있으나 장식을 하지 않은 종족은 하나도 없다는 스타르(Starr)의 주장에 근거하고 있다.

인간은 자신의 신체를 아름답게 장식하는 것에 기쁨과 즐거움을 느끼고 타인에게 보여주려는 강한 욕망은 매우 다양한 신체상의 장식의 형태로 나타난다.

신체상에 장식하는 방법으로는 상흔(scarring), 문신, 신체 변형, 채색 등이 있다. 상흔은 피부에 상처를 만들고 그 흉터로 장식하는 방법이며(그림1, 2), 문신은 피부조직 속으로 염료를 넣어 영구적인 장식을 하는 것이며(그림3), 신체 변형은 입술, 귓볼, 코, 머리 등 신체의 일부분을 변형시키는 방법이다(그림4, 5). 채색은 피부상에 일시적으로 이루어지는 것으로 장식의 목적을 달성하는 것을 말한다(그림6).

그림1. 상흔에 의한 신체장식

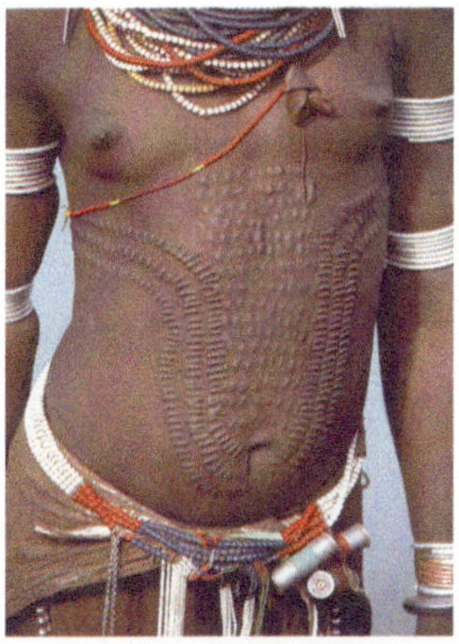
그림2. 상흔에 의한 신체장식

그림3. 얼굴 문신

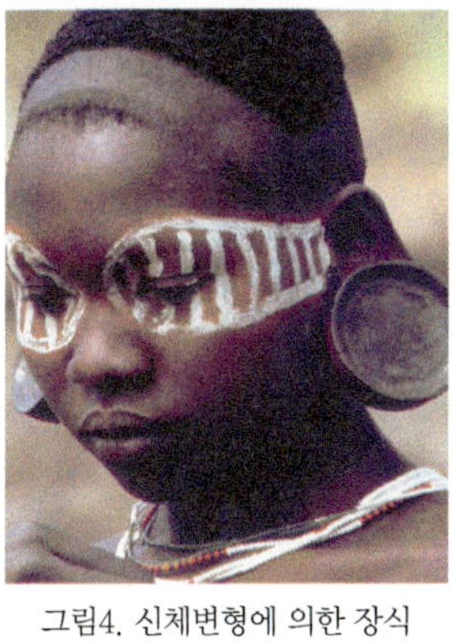
그림4. 신체변형에 의한 장식

그림5. 신체변형에 의한 장식

그림6. 채색에 의한 신체장식

신체를 통한 장식의 방법은 비록 피부색이 검은 소수 종족에게 나타나지만 지리적으로는 세계도처에서 발견된다. 사람들은 신체의 노출된 부분을 정성들여 장식하였고, 자신의 신체에 존재하는 하나의 예술품으로 과시했었다. 신체를 통한 장식은 새로운 자신을 창조하는 수단이라 할 수 있다.

이와 같이 장식행동은 이성적이고 기술적인 측면에서는 어떤 의미를 찾을 수 없으나 행위자의 문화적 관습이라는 측면에서 본다면 인간의 장식행동은 사회 · 문화적 의미를 내포하고 있다. 또한 장식행동은 절대적인 힘이 내재되어 있지는 않으나 신비로운 힘이 존재한다고 할 수 있다.

2 이성 유인설

인간은 누구나 이성적으로 아름답고, 멋지게 보이고 싶고, 추한 모습은 감추고 싶은 동물적인 본능을 가지고 있다. 미개인들은 때로는 위협하는 수단으로서 화장을 했지만 평소에는 이성이나 친구의 마음을 사로잡고 자신감을 가지기 위해서 화장을 했고(그림7, 8), 뉴우기니아의 남성들은 매력적으로 보이기 위해서 붉은색을 사용해 얼굴을 채색하였다. 찰스다윈(Charles Darwin)에 의하면 동물은 이성의 주의를 끌기 위해 울음소리를 수단으로 사용하고, 인간은 화장이나 몸을 치장하는 것에 의해 이성의 주의를 끈다고 했다. 이처럼 시대적 미의 기준은 달랐지만, 서로의 관심을 끌기 위해 화장을 하고 몸을 치장하는 것은 공통된 심리라고 할 수 있다.

그림7. 이성의 관심을 끌기 위한 화장

그림8. 이성의 관심을 끌기 위한 화장

3 보호설

인간은 신체를 위한 자연적 보호수단을 지니지 못하였으므로 자연환경이나 사회환경으로부터 자신을 보호하려는 욕구가 발생하였을 것이다.

신체 보호설은 자연환경 내에서 인간을 위협하는 위험으로부터 신체를 보호하기 위해 시작되었다는 학설이다. 즉, 곤충이나 동물, 적으로부터 보호하기 위해서 진흙이나 특수한 물질을 몸에 발라 벌레가 달라 붙는 것을 막았다(그림9). 그리고 춥고 더운 날씨, 태양열과 태양광선 등 기후로부터 보호하기 위해 여러 가지 수단을 찾아 스스로를 보호했을 것이다.

그림9. 벌레로부터 눈을 보호하기 위한 눈 화장

4 종교설

종교적 · 주술적 욕구로서 특정한 형태의 의복이나 신체를 장식하여 잡귀나 악마를 물리치고 자신과 부족의 심리적 보호와 욕구를 충족시키려했으며, 악령과 병으로부터 보호받기 위해 얼굴에 칠을 하기도 했다(그림10, 11). 전 세계 여러 유적지에서 발견된 화장의 흔적은 종교의식에서 화장을 신성시하여 몸의 병이나 재액을 물리치고 복을 비는 행위로부터 점점 발달하여 화장이 시작 되었다고 할 수 있다.

그림10. 병으로 부터 보호 하기 위한 문신

그림11. 눈 주위를 흰 진흙으로 칠해 영적인 세계를 볼 수 있다고 생각함

5 신분표시설

사회에서 인간은 다른 사람을 지배하기 위한 하나의 방법으로써 그들의 외모로 부를 과시하고 신분을 나타낸다. 인간은 특징적인 표시 즉, 신체적 장식으로 소속집단을 나타내고 자연 속에서 동물과 인간을 구분 지었다. 그리고 이러한 신체적 장식을 통하여 각 개인은 소속집단의 사람들과 그 경계 밖의 사람들을 정확하게 구별하면서 자신의 집단에 대한 충성심을 표현했다(그림12).

그림12. 신체 장식으로 소속집단을 표시

이와 같이 화장의 기원은 각 민족마다 풍습, 생활습관, 역사와 환경 등이 제각기 다르기 때문에 꼭 언제부터라고 단정 지을 수는 없다. 그러나 오랜 세월 동안 시대에 따라서는 화장하는 것을 억압당하기도 했지만 유행을 따르는 용감한 여성들이 몰래 화장을 하면서 점차 일반 여성들에게도 확산되어 자연스럽게 받아들여지고 행해지게 되었다. 자신감이 생김에 따라 더욱 화장을 하고 싶다는 적극성이 커지고 기술의 발달이 화장품의 질과 양 모두를 진보시켰다.

PART 2

20세기 이전의 화장문화사

1 고대시대

1) 이집트(Egypt)

고대 이집트는 세계 4대 문명 발상지의 하나로서 최초의 민족국가였다. 중심부를 흐르는 나일(Nile)강을 중심으로 농경생활을 하며 정착하였고 정치, 문화, 예술 등에서 우수한 문화를 발달시켰다.

복식은 아열대성 기후의 영향으로 인해 단순하고 개방적인 형태가 발달하였다. 대표적인 복식으로 남자는 흰 아마포의 단순한 요의형인 로인클로스(loincloth)(그림1), 여자는 어깨에서 끈으로 연결하여 입는 몸에 꼭 맞는 형태의 쉬스 스커트(sheath skirt)나 칼라시리스(kalasiris)를 착용하였다. 이러한 이집트의 복식은 흰색의 단순한 형태의 의복과 다채로운 색상의 장식적인 요소를 가미하는 것이 특징이다.

그림1. 로인클로스

또한 B.C. 7500년 이집트에서부터 인류는 본격적인 화장을 시작하였는데 B.C. 3000년경부터 고대 이집트에서는 미용술이 종교적 의식의 절차에서 몸을 단장하는 것으로서 중요시 여겨졌고 이러한 의식은 성직자 계층에 의해 담당되어졌다.

이집트인들의 화장은 자연의 환경으로부터 보호하기 위한 의학적인 기능 이외에도 상징적인 의미도 가졌다. 고대 이집트인들은 눈썹을 검게 만들려고 안티몬(antimony) 가루를 사용하였고, 눈꺼풀을 날개모양으로 만들기 위해 방연광(검은 납)으로 만든 콜(kohl)로 커다란 검정색 라인을 그렸다. 나이, 성별, 계급과 상관없이 모든 이집트인들은 그들의 얼굴을 장식하였다. 당시의 유행은 자신의 본래 눈썹을 밀어버리고 그 자리에 완벽하게 새로운 눈썹을 그리고 남녀 모두 눈을 크게 과장되게 그렸다. 대표적인 눈 화장은 가장자리를 검게 색칠하는 것이 포인트였다. 콜은 이집트에서 가장 중요한 화장품이었다. 그것은 불에 구운 아몬드와 갈색황토에 가루로 만들어진 안티몬, 검정색 망간 산화물, 방연광, 검정색 구리 산화물, 철 산화물과 공작석과 같은 광물들과 함께 갈아 만든 것이었다. 이러한 눈 화장은 아름답게 꾸미려는 목적이외에도 곤충을 쫓고 강렬한 태양광선으로부터 눈을 보호하는 수단이기도 했으며, 눈부신 태양빛 아래서 사물을 제대로 보기 위한 목적도 가지고 있었다(그림2).

이집트인의 화장은 세련되고 강한 색채감각을 자랑하는데, B.C. 1400년 이집트 중기왕조의 네페르티티(Nefertiti)여왕(그림3)은 이집트의 화장을 예술의 경지로까지 승화시켰으며, 클레오파트라(Cleopatra) 시대에 이르러 절정을 이루었다. 이집트의 마지막 여왕 클레오파트라는 피부관리와 메이크업, 모발관리, 향수, 액세서리에 이르기까지 완벽한 화장을 했는데, 이러한 그녀의 화장은 이집트에서 그간 축적되고 발전된 화장품의 개발 덕분이었다.

그림2. 이집트 눈화장과 머리형태

머리형태를 보면 오늘날 잘 알려진 것으로 노프렛(nofret)이 있다. 노프렛은 중간 가르마를 하고 어깨부분에서 수평으로 커트하여 금속제의 둥근 장식과 리본과 같은 장식줄, 연꽃 등으로 장식하였다(그림4). 또한 강한 태양열로부터 머리를 보호하고 시원하게 하기 위해서 머리를 짧게 깎고 모자 대신 가발을 썼으며 가발의 형태와 크기는 많았다.

가발 재료로는 리넨이나 종려나무 섬유를 사용하다가 후기에는 울이나 사람의 머리카락으로 부피를 크게 만들어서 모자처럼 사용하였다. 그리고 상류계급은 모발을 사용하여 그 길이는 어깨나 혹은 허리까지 내려오는 긴 것도 있었으나 하류 계급은 양모나 모직으로 된 짧은 것을 주로 사용했다.

초기의 가발 형태는 각이 지고 길이가 짧은 단발형이던 것이 후기로 갈수록 폭이 넓어지고 길이가 길어졌다. 가발의 색은

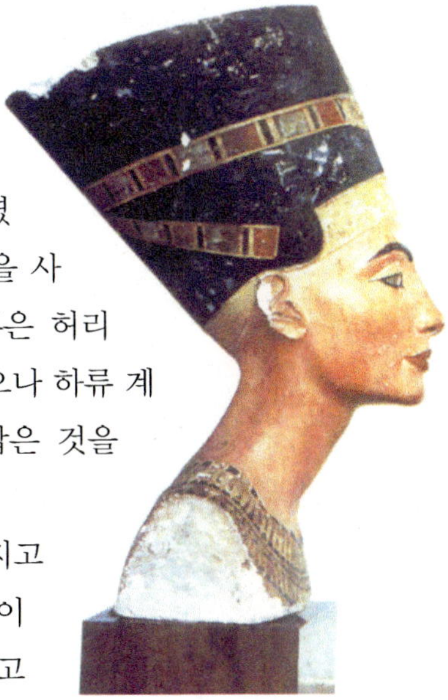
그림3. 네페르티티 여왕

그림4. 노프렛

일반적으로 검은색이 많았는데 점차 진한 청색 또는 황금색으로 염색하였으며 흑색 가발에는 금장식을 붙이기도 하였다.

신왕국 시대에는 가발과 함께 여러 가지 왕관이 나타났다. 왕은 뱀머리(uraeus) 모양과 독수리(vulture)를 왕관에 장식해서 왕의 권위를 나타냈고, 여왕은 날개를 편 황금 독수리 장식이 된 황금제관을 썼다. 왕이 쓴 클라프트(klaft)는 황금색과 청색의 줄무늬가 있으며 머리에 돌려쓰고 양옆자락을 앞으로 늘어뜨린 모양이다. 여기에 인공적 턱수염(postiche)은 뱀의 표피를 모방한 것으로 왕의 권위를 더 해 주었다(그림5).

그림5. 클라프트와 인공수염

이와 같이 이집트인들의 머리형태와 머리장식은 간단한 의복에 비해 정교한 것이 많았으며 그 형태와 재료에 따라 신분과 계급을 나타내었음을 알 수 있다.

2) 그리스(Greece)

그리스 문화는 기독교와 함께 서양 문화의 정신적 지주가 되어왔다. 인간적이고 합리적이며 이상주의적인 그리스 문화는 인간의 능력, 특히 인간의 이성을 중시한 문화로 이것은 그리스인들의 도시(polis)국가 생활에서 생겼다는 점에서 보다 중요하다.

그리스인들은 온난한 지중해성 기후와 인간의 자연스러운 육체의 아름다움과 율동미를 중요시하여 복식에 있어서도 재단이나 봉제를 하지 않고 신체에 옷감 그대로를 걸치거나 두름으로써 자연스럽게 표현되는 드레이프(drape)를 선호하였다. 그리스의 대표적인 의복으로 키톤(chiton)과 히메이션(himation)을 들 수 있다. 키톤은 도릭 키톤(doric chiton)과 이오닉 키톤(ionic chiton)으로 분류된다(그림6).

그림6. 키톤

그리스의 의복은 팔과 가슴을 노출했기에 여성은 필요 없는 체모를 뽑고, 얼굴손질과 화장을 위해 많은 시간을 들였다. 화장법은 대단히 복잡해서 세세한 부분까지 미치고 있었다. 여성은 아침에 일어나면 바로 입욕하여 마요나라(marjoram)의 꽃과 포도꽃에서 얻은 향료를 전신에 뿌리고 으깨거나 개어서 만든 기름과 액체상태의 기름을 몸에 문질러 발랐다. 푸른 산화연을 개어 만든 루즈로 볼과 입술을 칠하고 흰 납 가루를 분으로 사용하였다.

그리스 시대 임상생리학자인 갈렌(Galen)은 이집트 화장품의 기록을 체계화하여 최초로 약학(藥學)과 본초학(本草學)을 접목시켜 과학화한 후 콜드크림(cold cream)을 만들었는데, 이것은 피부의 수분증발을 막아주고 피부를 햇빛으로부터 보호해주며 바르면 시원한 느낌이 들어 콜드크림이라 불리게 되었다.

주로 궁정이나 상류계급 여성들이 화장품을 사용하였고 이들의 화장술은 이집트 여성들보다 더 정교했으며, 코 위로 오른쪽 눈의 가장자리에서부터 왼쪽 눈의 가장자리까지 단 하나의 선으로 이어지는 눈썹은 여성의 지성과 빼어난 아름다움을 나타내는 표시로 평가되어졌다.

그림7. 여자의 머리모양

머리형태를 보면 초기에는 남녀 모두 머리를 땋아서 어깨와 가슴까지 늘어뜨렸다. 5세기 경이 되면서 여성은 트레머리를 하기 시작했고(그림7) 리본 또는 망(net)으로 잘 마무리 하였다. 또한 머리는 자연스런 형태를 유지하면서 컬과 웨이브로 아름답게 정돈하였고 컬과 웨이브를 주기 위하여 카라미스드람(calamistylam)이라는 두 개의 가는 금속 파이프를 사용하였다.

그림8. 펠로스와 돌리아

특히 금발을 좋아하여 잿물이나 노란색 꽃을 우려낸 물에 머리를 감고 온종일 햇볕에 앉아 있기도 하였다. 여성들은 햇볕이 강한 날에는 펠로스(pelos)를 머리 위까지 쓰고 그 위에 돌리아(tholia)를 썼다. 이것은 좁은 챙이 있고 꼭대기에 작은 원추형의 관이 있는 모자이다(그림8).

남성의 머리모양은 컬을 이마 위로 내리는 형태(그림9), 앞머리의 컬을 뒤로 굽실거리게 빗어 넘기는 형태, 앞머리를 짧게 단발하고 뒤는 길게 타래 머

그림9. 남자의 머리모양

리한 형태, 귀와 같은 길이로 둥글게 자른 형태 등 여러 가지가 있고 여기에 금속 밴드나 은장식을 하였다.

이와 같이 그리스인들의 머리형태는 자연스러움과 우아함을 지닌 근대적인 것으로 후세인들의 머리형태에 영향을 주었다.

3) 로마(Rome)

그림10. 토가

로마는 지중해의 중심인 이탈리아 반도에 위치했기 때문에 주위의 여러 민족과 쉽게 접촉할 수 있어 자연히 국제적인 문물의 교류가 일찍부터 행해졌다. 이러한 로마의 문화는 주변지역과 문물교류의 활성화에 따른 외래문화의 수용으로 각국의 문화가 혼합되어 나타나는데 이들 각 민족문화의 장점을 모방하여 로마는 합리적이고 실질적인 로마만의 문화를 재현하였다.

이것은 복식에서도 잘 나타나는데, 로마는 특권을 중요시하였기 때문에 의복자체가 계급의 표식으로 이용되어졌고, 로마의 대표적 의상인 토가(toga)는 로마 문명의 힘을 과시하여 그들의 권위를 나타내주는 상징물 이었다(그림10).

로마인은 목욕을 즐겼으며, 목욕장이 모든 사교의 장이 되기도 하였다. 상류계급의 여성들은 노예제도로 인해 시간적인 여유가 많았으므로 자신의 몸을 단장하고 가꾸는 데 많은 시간을 투자했다. 또한 로마의 전성시대에는 많은 시간과 인력을 투자하여 신체의 모든 부분을 과도하게 꾸몄다.

로마 여성들은 그들만의 스타일이 있었는데 서로 경쟁적으로 패션, 보석, 화장 방식에 열을 올렸고 쾌락과 허례허식에 빠져 있었다. 머리를 금발로 염색하거나 가발을 썼고 얼굴을 밝게 화장했으며, 목욕하는 동안 그들의 머리카락과 눈썹에 베르가모트(bergamot) 정유와 밍크로 향기를 냈다. 이같이 로마의 여성들은 화장품과 화장하는 것을 좋아했고, 특히 눈썹은 호화로운 사치품을 총동원하여 꾸미는 것을 좋아했다(그림11). 이처럼 이 시대의 화장이란 물질적 풍요와 여유의 표현이었고 신체적 노화를 감추기 위한 분장의 수준이었다.

그림11. 로마여성의 화장

머리형태를 보면 그리스와 거의 유사하지만 좀 더 복잡하였다(그림12). 여성들은 머리 빗는 일이 아침에 하는 일 중에서 가장 큰 일로서 향유와 머리분을 사용하여 항상 향기가 나도록 했다. 로마인들도 그리이스인과 같이 컬이 있는 금발을 좋아하여, 상류사회의 여성들의 머리는 숙련된 노비에 의해 향유와 머리 분을 사용하여 향기가 나도록 빗겨졌으며 황금색으로 염색을 하였다.

머리형태는 시대에 따라 단순한 형에서 복잡한 형으로 다양하게 변화했다. 공화정 시대에는 그리스의 헤어모드에 기초를 두어 앞가르마를 타고 양쪽 머리를 곱슬거리게 늘어뜨리거나(그림13), 머리 전체를 짧게 컬하거나, 또는 그리스 여성들과 같이 목덜미 위에서 시뇽(chignon)을 하는 등 단순한 형이 주를 이루었다(그림14). 계속해서 머리형태는

그림12.그리스풍의 머리형

그림13. 곱슬거리게 늘어뜨린 머리형

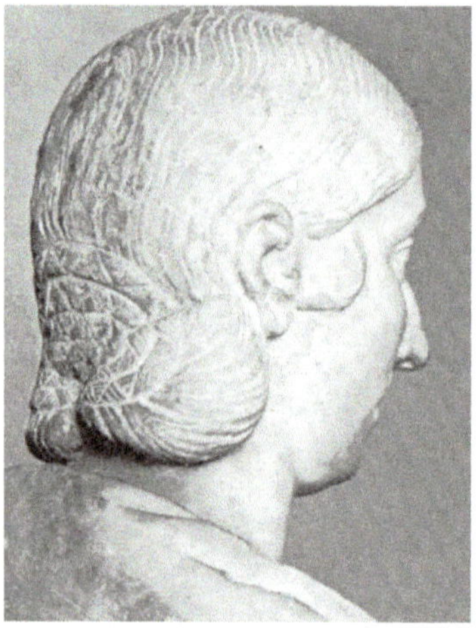

그림14. 쉬뇽 스타일

그림15. 남자의 머리형과 수염

새로운 것이 나타났으며, 여성들은 얼굴에 맞는 머리형을 선택하기 위해 애를 썼다.

로마 남성들은 대부분 곱슬거리는 짧은 머리의 단순한 형태를 좋아했으며, 그들은 머리숱이 적은 것을 수치스럽게 생각하여 가발을 쓰기도 했고 로마 초기 왕정 시대에는 수염을 기르는 것이 유행하였는데 성직자들은 머리와 수염을 길게 기르기도 했다(그림15).

이와 같이 머리형태와 머리장식의 다양함은 고대 로마인들이 그들의 미적 감각을 과시할 수 있는 수단으로서 중요시했을 것이다.

2 중세시대

1) 비잔틴(Byzantine)

비잔틴 제국이라는 명칭은 수도 비잔티움(Byzantium : 고대 그리스의 도시)에서 나온 것으로 동로마 제국을 가리킨다.

비잔틴 제국의 문화는 단적으로 표현하면 로마 제국의 정치적 전통 위에 그리스 문화와 기독교 사상, 여기에 동방적인 요소가 융합하여 독자적인 양상으로 창조된 것이다. 그 중에서도 페르시아의 화려한 색채 감각과 중국의 견직물은 비잔틴에서 혼합 · 발달하여 비잔틴의 조형문화, 특히 복식의 특징적인 요소가 되었다.

대표적인 복식은 튜닉(tunic), 달마티카(dalmatica), 팔루다멘툼(paludamentum)으로 팔루다멘툼은 황제, 황후 등 귀족들에게 국한된 외의인데 반해서 달마티카는 통이 넓은 소매가 달린 튜닉으로 클라비(clavis) 장식이 있고 기독교가 공인이 된 이후부터는 왕족이나 교황, 사제들뿐만 아니라 귀족까지도 모두 착용하여 비잔틴 시대의 가장 대표적인 의복이 되었다(그림16).

중세에 들어서면서 화장은 기독교의 금욕주의의 영향으로 교회의 지배력이 강해져서

그림16. 팔루다멘툼(가운데)와 달마티카(오른쪽)

그림17. 관을 쓴 황후

그림18. 관을 쓴 황제

여성들의 화장에 대한 태도까지 큰 영향을 끼쳤고 화장을 경시하는 풍조가 생겨났다. 화장은 신이 주신 인간의 얼굴을 가면으로 감추는 행동으로서 신에 대한 모독과 나쁜 언동으로 받아들여져 금기시되었고, 그리스 철학과 로마의 영향을 받아 화장은 더럽고 저속한 것으로서 음탕함과 매춘을 상징하는 것이었다.

교회는 여성이 신체를 가꾸고 화장하는 행위를 엄격히 제한하고 금지하였는데, 목욕마저도 제한하여 청결을 위한 것과 고해의 영성체 전날의 목욕만을 허용했고, 제한된 목욕으로 인한 체취는 향수를 사용하여 해결했다.

머리형태를 보면 비잔틴 시대 사람들은 자연스러운 컬과 웨이브의 미를 중요시했던 그리스 · 로마인들과는 달리 터번을 머리에 감거나, 머리에 쓰는 관이나 장식 등을 중요시해서 머리모양이 잘 나타나지 않는다(그림17, 18). 여기에는 전제군주제가 확립되어 특히 관으로 그 권위를 구별한 동방으로부터의 영향이 컸다고 볼 수 있다.

여성들은 초기에는 머리를 깎는 것이 금지되어 있었으므로 자연 그대로의 머리를 늘어뜨리거나 양쪽으로 길게 땋아 허리나 무릎까지 길게 늘어뜨렸다.

8세기 이후로는 머리를 감싸는 형이 주를 이루어 머리 자체의 형태보다는 부드럽고 얇은 천에 보석으로 장식하거나 술을 단 베일을 붙여 뒤로 늘어뜨리고 금속밴드로 관처럼 써서 고정시키는 등의 수식이 발달하게 되었다. 이러한 머리장식은 주로 귀부인에게 국한되었으나 비잔틴 여성들의 가장 중요한 장신구가 되었고 화려한 장식의 의상과 잘 조화되었다.

2) 로마네스크(Romanesque)

그림19. 블리오와 여자의 머리형

11세기에는 크리스트교가 전 유럽의 시대정신으로 부각되면서 교회의 권력은 정신과 물질로부터 강화되어 중세 문화를 지배하였다. 당시의 문화에 가장 영향을 끼친 것은 무엇보다도 십자군 전쟁이었다. 이러한 십자군 전쟁을 계기로 그리스 · 로마 양식을 바탕으로 한 비잔틴 양식이 전래되어 교회와 수도원 중심으로 새로운 양식의 예술이 일어나게 되었는데, 이것이 로마네스크예술이다.

로마네스크의 대표적인 복식은 쉥즈(chainse)와 블리오(bliaud), 코뜨(cotte)를 들 수 있다. 블리오는 오버 튜닉(over tunic)으로 상하가 분리되어 재단되었는데, 게르만인의 신체를 감싸는 밀착형 의복에서 유래된 것으로 보인다.

그리고 십자군 전쟁 이후 동양으로부터 안티몬과 향유 등 진기한 화장 재료들과 회교도의 화장 풍습이 전해져서 여자들 사이에 아름답게 치장하는 것에 대한 관심이 다시 생겨나게 되었다.

그림20. 남자의 후드

머리형태를 보면 여자들은 비잔티움의 영향을 받아 앞가르마를 타서 머리를 두 가닥이나 세 가닥으로 땋아 길게 늘어뜨린 형태가 주를 이루었는데, 자신의 머리 외에도 가발이나, 리본으로 감아내려 거의 발까지 닿을 정도로 타래를 드리웠다(그림19).

남성들의 머리모양은 종래와 같이 짧은 단발이 주를 이루었으나 어깨까지 늘어지는 형도 있었다. 귀족이나 특수층을 제외하고는 거의 모자를 쓰지 않았으며, 얼굴을 드러내는 후드와 케이프가 붙은 형태가 매우 유행했다(그림20).

3) 고딕(Gothic)

그림21. 에넹

십자군 원정에 의해 자극된 서유럽의 학문과 예술, 산업 등은 13~14세기에 이르러 비약적으로 발전했다. 고딕 양식이란 12세기 후반 프랑스를 시작으로 하여 북으로는 영국, 남으로는 이탈리아, 스페인 등 유럽 전역에 보급된 중세 특유의 건축양식을 말하는 것이다. 고딕 양식의 특징은 하늘을 찌를 듯한 뾰족한 탑, 첨형(尖形)아치와 서로 얽힌 격자무늬, 그리고 벽 대신 유리창을 많이 사용하여 전체적으로 힘있고 밝은 느낌을 주는 것이다. 또한 내부의 스테인드 글라스(stained glass)는 고딕 건축의 대표적 특징으로 순수한 색과 광(光)으로써 당시 사람들의 종교 감정을 자극할 뿐 아니라 미적 감각을 높이는데 크게 기여했다.

이처럼 고딕 건축의 첨두형 외관은 복식에도 영향을 미쳐 의상이 전체적으로 길고 흐르는 듯한 실루엣에 앞이 뾰족하고 긴 신발, 높고 뾰족한 모자인 에넹(hennin), 소매나 옷단의 톱니 모양 장식 등은 이러한 고딕감각을 반영한 것이다(그림21).

남성의 경우 군복이 일상복으로 유행하게 되는데 패드(pad)를 댄 조끼 형태의 지퐁(gippon)이나 사막의 햇빛, 먼지로부터 갑옷을 보호하기 위한 겉옷인 쉬르코(surcot) 등이 그것이다.

이 시대에 유행했던 화장법은 그리스나 로마처럼 피부를 희게 가꾸는 것으로부터 시작되었으며 하얗게 보이기 위해 흰색과 핑크색의 수용성 안료를 사용하였다. 영국에서는 창백한 피부가 고상하고 아름다운 것으로 간주되어 여성은 피를 뽑아내기도 하였다. 치아도 희게 가꾸었으며, 입술과 볼, 손톱은 붉은 색을 선호했는데, 입술은 공통적으로 볼륨 있는 도톰한 형태가 선호되었으며, 스페인에서는 장미색 계통의 입술연지가 독일과 영국에서는 오렌지색 계통, 프랑스에서는 진홍색 입술연지가 사용되었다.

머리형태는 여성의 경우 머리는 길게 땋거나 목덜미 위에서 부드럽게 롤을 하고 머리 위에는 띠를 두르거나 관을 쓰기도 하였다. 특히 여성은 금발을 좋아하여 황금색으로 머리를 염색하였고 올리브 기름과 향수를 사용하여 부드럽고 향기가 나도록 많은 신경을 썼다.

15세기에는 머리형태와 장식이 화려함보다는 오히려 기이하게 변형되어, 머리카락을 위로 깨끗이 올려 머리 장식 속으로 넣었는데 당시는 이마가 넓은 것을 미인이라고 생각하여 앞머리는 높게 뽑았다고 한다(그림22, 23). 이러한 경향은 1440년부터 더욱 강화되어 머리카락은 위로 높이 빗어 넓은 머리띠로 단단하게 고정시키므로써 눈썹은 위로 올라가게 되고 얼굴은 고분의 조각상과 같았다(그림24).

그림22 . 넓은 이마

그림23. 넓은 이마

그림24. 조각 같은 모습

남성의 경우는 가운데 가르마를 하고 컬을 주어 어깨까지 늘어뜨렸고, 그 위에 관을 쓰기도 하였다. 모자는 중세 초기나 로마네스크 시대의 것이 그대로 내려온 것도 있었고, 시대감각에 맞게 변화하여 새로운 형이 된 것도 많아서 복잡한 고딕 문화의 단면을 보여 준다.

3 근세시대

1) 르네상스(Renaissance)

르네상스란 본래 재생이라는 의미로 보다 더 구체적으로는 14세기 경으로부터 16세기에 걸쳐 그리스 · 로마의 고전 문예가 부활한 것을 의미한다. 즉 인간을 위한 인간중심의 순수한 미의식의 회복을 추구한다는 창조적 목표를 가지고 그리스 · 로마의 예술양식을 모방하여 그대로 재현하려 했다. 또한 고딕에서 성행했던 종교적 감각의 문양과 문장이 사라지고, 천연의 꽃과 잎을 그대로 묘사하여 규칙적으로 배열하는 자연적 문양이 직물, 공예품, 장신구에 사용되었다.

이러한 르네상스 시대의 복식의 특징은 시대가 흐름에 따라 기교적이고 과장된 장식으로 인위적인 인체미를 강조하였다. 겉옷을 일부러 찢어 만들어진 틈 사이로 속옷이나 다른 색의 옷감이 보이도록 하는 슬래쉬(slash)장식과 러프 칼라(ruff collar)는 르네상스 의복을 더욱 아름답게 하였다(그림25).

그림25. 러프 칼라

르네상스 사람들은 건강한 것을 아름답게 여기기 시작했고 인간의 몸을 스스로 아름답게 꾸미기 시작했으며, 육체의 미를 찬양하게 되었다. 따라서 귀족과 부유계층들은 남녀를 불문하고 과장되고 화려한 의복과 화장을 즐겼다(그림26). 르네상스가 시작된 이탈리아에서부터 여성의 메이크업은 다시 나타나기 시작하여 화장을 안 한 상태로 외출하는 것이 이상하게 여겨질 정도로 화장은 사교를 위한 필수조건이 되었다.

그림26. 화려한 화장

특히 엘리자베스(Elizabeth) 1세 여왕은 패션의 우상으로서 주목을 끌었는데, 얼굴에 하얀 백연으로 화장을 하였고 대부분의 눈썹을 뽑았는데, 이것은 영국 귀족여성들에게 유행으로 자리를 잡았다. 이러한 영향으로 당시 여왕의 초상화를 보면 냉정하고 오만해 보이는 모습을 볼 수 있다. 또한 여왕은 붉은색의 머리카락과 여러 가지 색의 가발을 사용하기도 했는데, 당시 80개의 가발을 가지고 있었다고 한다. 이처럼 여왕에 의해 창백한 얼굴 화장이라는 새로운 화장법이 성행하였다(그림27).

머리형태를 보면 여성들은 중세 말기에 머리 전체를 덮었던 머리 장식이 없어지자 다시 머리의 아름다움을 나타내기 시작하여 머리는 좋아하는 색으로 염색을 하였으며, 향기로운 머리 분을 사용하여 향이 나고 반짝거리게 했다. 당시 유행된 머리색은 황금색이나 적색이었으며 청색은 하류 계급만 사용하였다(그림28).

16세기 남성의 모자는 깃털, 보석, 메달을 붙인 것이 특징이며 깃털뭉치로 장식하는 것은 16세기 이후로 계속 수세기 동안 유행되었다.

그림27. 엘리자베스 1세 여왕

그림28. 황금색의 머리

2) 바로크(Barque)

바로크는 스페인어의 바루카(barrucca)에서 연유한 것으로 일그러진 진주를 뜻한다. 이러한 바로크 양식은 조화와 균형이 파괴된 데서 오는 부조화나 황당무계함 등을 본질적 특색으로 갖고 있으며 엄격하고 품위 있는 외양으로 이지적인 감각을 지닌 르네상스 양식에 비해 바로크 양식은 열정적이고 감각적인 기풍을 자아낸다. 그리고 점차 17세기 후엽으로 갈수록 더욱 더 형식과 사치를 중요시하게 되어, 겉치장에만 열중하게 되는 천박한 양상이 초래되었다.

그림29. 로브

복식에 표현된 바로크 스타일의 특성은 여러 가지 천을 이용한 독창적인 루프(loop)장식을 들 수 있다. 대표적인 여자 복식은 원피스 드레스 형태의 로브(robe)가 있고(그림29), 남자는 간편해진 푸르푸앵(pourpoint)과 넉넉한 바지, 쥐스토코르(justaucorps)가 대표적인 복식이다.

여성들은 화려한 의상과 함께 17세기 초에는 화장을 하지 않은 얼굴은 거의 눈에 띄지 않을 정도로 화장이 일반화 되었다. 당시 귀부인은 화장하는데 3~4시간이 소요되었다.

이처럼 사치스런 문화는 여성의 화장을 과도하게 하는 결과를 초래하여 피부에는 백분을 발라 희게 하였으며 볼에는 연지를 섞어 장미빛으로 표현하였다.

또한 남녀 모두 그들만의 은밀한 메시지를 전달하기 위해 얼굴 위에 뷰티점(beauty patch)이나 애교점(mouches)을 붙였다. 뷰티점이 파리에 나타난 것은 16세기부터였지만 17세기가 되어 유행이 되고 18세기까지 이어졌으며, 프랑스에서는 무슈(mouche), 영국에서는 패치(patch)라고 불렀으며 안에 붙임용 고무가 붙어 있었다. 형태는 별, 반달, 다이아몬드 등이 일반적인 것이었고 모양이 다른 것을 몇 개씩 이마와 얼굴에 붙였다. 패치를 붙이는 것은 흰 피부를 강조하고 이성의 관심을 끌기 위한 목적이 있지만 본래는 얼굴의 상처나 여드름을 감추는 것에서 시작되었다고 한다. 이 때 가장 사랑받은 여성은 얼굴이 통통하고 몸이 풍만하며 빨간 입술에 약간 튀어 나온 눈과 이중턱을 갖고 있는 여성이었다.

그림30. 퐁탕주 머리형

머리형태를 보면 여성들은 초기에도 머리카락을 앞에서 뒤로 높게 빗어 올린 후 머릿속에 가발을 넣고 포마드(fomade)로 굳혀서 보석과 진주로 장식을 해서 귀족적인 분위기를 나타냈다. 루이(Louis) 14세 때는 퐁탕주(fontange)라는 머리형이 등장했는데, 이것은 루이 14세의 총애를 받았던 부인의 이름(Duchesse de Fontanges)에서 따온 머리 장식이다. 그 형태는 흰색 리넨 또는 레이스에 풀을 빳빳이 먹여서 오르간 파이프

(organ pipe)와 같이 잔주름을 잡아 철사로 받쳐 두 층 또는 세 층씩 층층이 탑같이 60㎝쯤 높이 올려 다이아몬드나 진주를 박은 핀을 꽂아 앞에서 보면 마치 부채를 편 것 같이 보이게 한 것이다(그림30).

남성들은 러프 칼라의 영향으로 짧은 머리였으나 점차 칼라가 낮아지면서 머리를 어깨까지 늘어뜨리게 되었고 1630년에는 아주 긴 머리가 유행하였다. 루이 13세 시대 프랑스 상류사회나 궁정의 풍속 가운데 하나인 가발이 등장했는데 이는 왕이 처음 쓰기 시작하여 모든 궁정인들이 착용하게 되었다. 남성들의 경우 머리가 길어지고 컬을 하게 되면서 이러한 머리를 좀 더 아름답게 표현하기 위해 1660년대 이후 페리 위그(peri wig)나 풀 버텀 위그(full bottom wig)를 쓰는 것이 널리 유행 되었으며 프랑스 궁정에서는 200여명의 가발 만드는 사람이 고용되었다는 기록이 있다(그림31).

그림31. 남자들의 가발

3) 로코코(Rococo)

18세기 초에 프랑스는 루이 14세의 후광으로 여전히 이전 시대의 호화로움을 그대로 간직하고 있었다. 프랑스는 세기의 문화를 대표하면서 유럽 전역에서 이전보다 더욱 독보적인 존재로 군림하고 있었다. 각 국은 프랑스 문화를 추종하는 것을 자랑으로 여겼으며 예술도 패션도 사교예절도 모두 프랑스식 일색으로 되었다.

이와 같은 사회풍조에서 형성된 감각이 서유럽 모드를 크게 지배하게 되었으며 환상적이고 정겨움이 넘치는 모양이 되었다. 이 경향은 18세기 중엽부터 특히 현저해지며 장식에까지 특유한 뉘앙스와 매혹이 넘쳐 흘렀다. 그러나 이러한 양상은 1789년에 프랑스에서 시민계급을 선두로 절대왕권하의 구체제를 타파하고 자유와 평등 사회를 건설하기 위한 혁명의 불씨가 되기도 했다.

여성의 복식은 가슴을 깊이 파고 허리를 졸라매고 여성적인 곡선미를 의식적으로 강조하였다. 또한 꽃, 깃털, 리본, 루프, 꽃바구니 등의 섬세한 모티브들을 세련된 감각으로 배치하여 조화로운 곡선미를 표현하였다. 대표적인 복식으로 여성은 와토가운(watteau gown)과 가는 허리를 강조하기 위한 코르셋과 파니에(panier)를 이용하여 부풀린 스커트가 있고(그림32), 남자의 경우 쥐스토코르, 조끼(veste), 바지(culotte)가 대표적인 복식이다.

그림32. 와토 가운

로코코 시대에 이르러 화장품의 제조는 더욱 활발해졌으며 화려하고 무분별한 화장은 극에 달했다. 18세기는 하얀 피부를 찬미하여 여전히 피부 화장을 두껍게 하였으며, 전체적으로 분을 발라 얼굴 바탕을 희게 하고 관자놀이 부근은 갈색, 입술 주위는 밝은 색조를 띄게 하여 광대뼈와 눈 가까이에 볼 화장을 하였다. 눈에 열정을 부여한다는 이유로 남녀 모두 아래 눈꺼풀에 두꺼운 화장을 하였으며, 심지어는 여성들이 잠들 때도 옅은 볼 화장을 하였다. 그리고 바로크 시대부터 시작된 패치는 검은 벨벳 등의 천 조각과 종이 조각 등을 여러 모양으로 손톱 크기만큼 잘라 붙이는 뷰티 스팟(beauty spot)으로 매우 유행하였다.

여성들의 경우 퐁파두르(pompadour)라는 낮은 머리모양이 유행하게 되었다. 이 스타일은 루이 15세의 애첩인 마담 퐁파두르(Madame de Pompadour)가 한 머리형으로서 머리카락을 뒤로 빗어 넘긴 부풀리지 않은 납작한 머리에 레이스로 된 작은 캡을 쓰거나 리본을 매어 장식했다(그림33). 1760년부터는 여성의 머리형에 변화가 나타나 점차 거대해지고 높아져 갔으며 그 위에 장식이 높이 쌓여졌다(그림34). 이는 마리 앙뜨와네뜨

그림33. 마담 퐁파두르

그림34. 높아진 머리형

(Marie Antoinette)에 의해서 더욱 고조되었는데 모든 계급의 여성들은 여왕의 머리모양을 모방했다(그림35). 이처럼 로코코시대 여성들은 옷보다 머리에 더욱 관심이 많았으며, 머리를 아주 멋지게 보이려고 파우더를 칠하고 곰의 지방이나 포마드 기름을 발라 며칠동안 머리 장식을 유지하였다. 대부분 여러 가지 가발을 사용하여 단순한 머리 모양 뿐 아니라 여러 가지의 형태로 만들어 머리 위에 올리고 각기 다른 명칭을 붙였다. 즉 정원, 과일바구니, 새, 마차, 야채바구니, 배 등 갖가지 모양과 크기도 거대하였다. 이 시대의 취향은 머리형을 예술적이고 환상적인 것의 극치로 표현했으며 장식 기교에 있어서 가능성의 극한점까지 도달하였다(그림36).

그림35. 마리 앙뜨와네뜨

반면 남성들의 머리는 바로크 시대에 비해 단정한 것으로 나타났다. 머리를 항상 볼 양 옆으로 자연스럽게 컬하여 늘어뜨려 양 귀를 덮었으며 가장 중요한 변화 중의 하나는 가발의 변화로서 직업, 복식, 나이에 따라 가발이 매우 다양해졌다. 18세기 유행되었던 남자의 가발은 카도간 위그(cadogan wig), 컷 위그(cut wig), 백 위그(bag wig), 피크테일 위그(pig tail wig), 라밀리 위그(ramillie wig) 등으로 이들의 가발은 항상 백색 파우더를 뿌려 나이를 구별하기 힘들게 하였으며 이런 머리 가루는 살롱에서의 에티켓으로 남성, 여성, 어린아이 모두 과도하게 사용하기도 하였다(그림37).

그림36. 기교적인 머리형

그림37. 남자의 가발

4 근대시대(19세기)

1) 엠파이어(Empire Style)

그림38. 엠파이어 스타일과 짧은 머리형

1799년부터 1815년까지의 유럽 역사는 프랑스의 역사라 할 수 있으며, 또한 이 때가 바로 나폴레옹(Napoleon)의 영웅적 생애가 펼쳐진 시기에 해당되므로 나폴레옹 시대라 하기도 한다. 프랑스에서는 이 시기에 산업혁명이 시작되었고, 영국의 경우처럼 면방직과 모직의 섬유공업에서 비롯되었는데 그 발전하는 정도가 놀랄만했다.

직물 공업을 배경으로 하는 경제력의 상승은 귀족적 취향의 부활과 함께 복식에 호화로움을 가져왔다. 이처럼 호화로운 직물로 몸의 곡선을 드러내는 실루엣이 프랑스의 상징적 의상으로 각국에서 성행했는데 이를 엠파이어 스타일이라 한다. 엠파이어 스타일의 복식은 목둘레선이 많이 파이고 허리선이 하이 웨이스트에 위치하며 짧게 부풀려진 소매와 좁고 긴 형태를 갖고 있다(그림38). 특히 황비 죠세핀(Josephine)에 의해서 흰 머슬린의 얇은 하이 웨이스트의 슈미즈 드레스와 짧게 자른 머리형이 유행되었다(그림39).

프랑스 대혁명 이후 창백한 화장이 유행하기 시작하였고, 연지를 바르는 화장법은 쇠퇴하기 시작하였다. 영국에서도 청교도에 의한 시민혁명이 일어나 청교도적인 순박한 생활이 일반화 되면서 강한 화장은 사라지기 시작하였다. 과잉장식은 단순한 것으로 바뀌어 화장을 하지 않은 얼굴이 대부분이었고 화장은 단지 향수만을 사용하여 자연스러움을 강조하게 되었다.

그림39. 황비 죠세핀의 대관식

머리모양은 여성의 경우 19세기 초 나폴레옹 대관식 이후 엠파이어 스타일로 복식의 실루엣이 심플해 짐에 따라 점차 낮아지고 간단해 지기 시작하였다. 18세기 말 이후 머리를 짧게 깎아 티

그림40. 여자의 머리형

그림41. 여자의 머리형

투스(titus)형으로 하거나, 곱슬거리는 컬을 부분적으로 늘어뜨리고 머리를 뒤쪽으로 높게 치켜 빗고 리본으로 묶는 그리스 시대의 헤어스타일이 유행하였다(그림40, 41).

19세기 초 남성의 머리형은 로마인 같이 보이려는 스타일이 유행하여 부루터스 커트(btutus cut)라고 하는 짧은 머리형이 유행이었다. 앞머리를 짧게 자른 뱅(bang) 스타일은 나폴레옹의 헤어스타일에서 볼 수 있다.

2) 로맨틱(Romantic Style)

전쟁과 혁명이 지나간 뒤 유럽의 군주들과 지배계급은 1789년 이전의 구체제로의 복귀를 희망했으며 귀족들과 성직자들은 계급제도를 다시 수립하고 특권을 부활시키며 사회를 혁명의 위험으로부터 안정시키려했다. 이 시기에는 전 시대의 귀족중심 사회가 다시 재개되고 있었다.

그림42. 로맨틱 스타일

복식에서는 혁명을 모르는 젊은 세대들이 16세기 르네상스 시대의 기본적인 실루엣으로 되돌아가 화려하고 부풀림이 많은 소매, 환상적이고 과장된 칼라 등이 새로운 모드로 등장하면서 복고풍이 나타났다. 웨이스트 라인은 다시 제 위치로 돌아왔으며 스커트의 옷자락이 넓어지면서 페티코트(petticoat)를 부활시켰다. 허리를 가늘게 하는 코르셋의 유행과 함께 옷자락은 주름장식, 레이스, 리본, 조화, 자수 장식 등으로 화려하게 장식되었다(그림42).

19세기에 들어서면서 자연주의 사상의 대두와 함께 자연스러운 화장이 주조를 이루며 인위적이고 유해한 화장품의 과도한 사용을 자제하려는 분위기가 확산되었다. 가능한 한 창백한 피부화장과 하지 않은 듯한 눈 화장, 머리를 자연스럽게 늘어뜨린 낭만적인 화장법을 선호하였다. 볼연지와 입술화장은 여전히 메이크업의 중심이 되었으며 아이라인과 인조 속눈썹도 등장하였고 볼연지의 위치가 볼 위쪽으로 옮겨진 것이 특징이었다.

화장에서도 이제는 아름다움뿐만 아니라 위생과 청결을 중요시 여기게 되었고 비누의 사용이 보편화 되었다. 향수는 여전히 애용되었으나 두꺼운 화장은 이미 유행에 뒤진 것이 되어 연극이나 무대에 한정되었고, 일반 여성은 자연스러움을 중요시하게 되었다.

여성들의 경우 고전적인 머리형태는 서서히 사라지고, 머리의 양 옆이나 위에 가발을 붙여 크게 결발을 했다. 그 형태는 여러 가지로 나타나는데 대표적인 것은 가르마를 타서 양쪽 옆머리가 관자놀이로부터 둥근 롤을 만들어 볼로 내려와 양쪽 귀를 덮는 것(그림43, 44), 뒷 머리를 땋거나 꼬아서 위로 고정시킨 것(그림45) 등이 있었다. 이 외 머리를 높이 올려 큰 빗으로 고정 시키고 꽃, 깃털, 등으로 장식하는 정교한 아폴로 놋(appollo knot)을 하거나 좋아하는 형태의 가발을 쓰기도 했다.

남성들의 실크 햇은 크라운의 높이와 챙의 폭이 해마다 변하였는데 이 시기에는 크라운의 높이가 굴뚝처럼 높아졌다. 챙의 넓이는 그다지 변하지 않았고 챙이 위로 말려 올라간 모양이나 편평한 모양을 1850년대 남성들은 좋아하였다.

그림43. 귀를 덮은 머리형

그림44. 둥근롤로 귀를 덮는 형

그림45. 뒷머리를 위로 고정시킨 머리형

3) 크리놀린(Crinolin Style)

그림46. 크리놀린 스타일

1848년 12월 농민의 지지에 의해 공화국의 대통령으로 루이 나폴레옹(Louis Napoleon)이 선출되었고, 뒤이어 그는 1852년 2월에 황제가 되어 나폴레옹 3세라고 명명되었다. 이로써 제2제정이 탄생되었는데, 그는 능란한 수완가로 국내뿐 아니라 대외적으로도 프랑스의 지위를 강화시켰다. 한편 영국에서는 빅토리아(Victorian)여왕이 전성기를 구가하고 있던 시대였다.

이전부터 생활에 궁색함이 전혀 없던 대 부르주아들은 더욱 특권을 누리면서 사치스러운 생활을 마음 내키는 대로 즐기게 되었으며, 아름다운 의상을 입고 무도회나 야회에 참석하는 일 등은 상류사회에서 매일 있는 행사였다.

그들은 과거 구 귀족들의 영화를 재개하려 했고, 자연히 복식도 그들을 모방하는 방향으로 나아갔다. 그 결과 1세기 동안이나 보이지 않던 스커트 버팀대인 크리놀린이 다시 나타나 최대한 부풀려진 형태가 여성들 사이에서 급속히 유행하기 시작했는데, 이것을 크리놀린 스타일이라 한다(그림46). 당시 나폴레옹 3세의 황비 유제니(Euganie)는 패션 리더로서 유행을 이끌었다.

이 시대에는 화장에도 꽤 신경을 썼는데 여성들은 피부의 촉촉함을 더하기 위해 미온수라든가 자스민과 오렌지를 넣은 물을 쓰는 것이 가장 좋은 것이라 여겼다. 밤에는 팩을 하고 자는 것이 좋으며 팩으로는 생고기 또는 달걀 흰자를 선호했다.

여성들의 머리형태는 가운데 가르마를 타고 귀를 덮고 뒤쪽에 둥글게 뒷머리를 말아 붙인 스타일이 유행하였는데, 여기에 꽃이나 깃털, 레이스를 달아 장식하기도 하였다(그림47, 48). 또한, 유제니 황비의 붉은 갈색 머리카락과 가운데 가르마를 타고 돌돌말린 컬을 양쪽으로 자연스럽게 늘어뜨리는 형이 유행을 주도했고(그림49), 1860년대 일반 여성들은 유제니와 같은 머리색을 만들기 위해 머리 염색약과 탈색제를 사용하였다.

영국에서는 1861년 빅토리아 여왕이 남편인 알버트 공(Prince Albert)이 죽자 상심하여 화장을 하지 않았는데 이런 여왕의 모습이 오히려 유행이 되어 창백하게 보이기 위해 여성들이 비상(砒霜)으로 얼굴을 표백하기도 하였다. 또한 유럽 전역에 빅토리아 여왕의 조용하고 깔끔한 영향력이 널리 퍼지면서 여성들은 얼굴에 거의 메이크업을 하지 않고 아

그림47. 깃털을 장식한 머리형

그림48. 레이스로 장식된 머리형

그림49. 양쪽으로 돌돌말린 컬

주 소량의 향수만 뿌렸다.

남성들은 머리카락이 뒷목에 닿지 않을 정도로 짧게 하고 콧수염과 볼수염을 길렀다. 아래 입술 밑에 수염을 조금 기른 나폴레옹 3세의 수염(imperial beard)은 그의 전속 이발사에 의해 소개되기도 했다.

4) 버슬(Bustle Style)

1870년부터 1914년 세계 제1차대전이 일어나기 전까지 표면적으로는 큰 전쟁이 없이 평온하였던 시대로서 프랑스는 공화제가 확립되면서 산업의 진흥과 국외로의 세력 확장 등으로 정치 · 경제 · 문화면에서 계속 중심적 역할을 했고, 영국은 빅토리아 여왕시대의 연속과 에드워드(Edward) 7세시대 식민지 개척에 앞장서 해가지지 않는 나라로 최대의 번영을 누리던 때이다.

그림50. 버슬 스타일과 머리형

산업의 발전과 함께 도시생활이 확대됨에 따라 일상생활의 형태도 다양해졌고, 이제까지의 산업은 거의 여성의 노동력을 필요로 하지 않았는데, 차츰 그 규모를 확장함에 따라 여자의 노동력이 필요하게 되었다.

1870년대부터 일어나던 복식의 주류는 버슬 스타일로 파니에를 이용하여 허리 뒤쪽으로 드레스의 자락을 높이 끌어올리면서 힙을 강조하는 스타일 유행되었다(그림50).

남성복은 1870년대에 들어서면서 한층 더 간소화되

는데 산업혁명시대에 어울리는 실용적이고 정형화 된 것으로 수수하게 만들어지면서 오늘날의 남성복 모드의 기초를 이루었다.

빅토리아시대 영국 여성들은 흰 분을 얼굴에 하얗게 발랐고 눈썹은 자연스러웠으나, 말기에는 여성들이 먹물이나 검은 유향으로 눈썹을 강조했다. 또한 화장품이 발달하여 흰 분 외에 립스틱, 볼연지 등도 사용되었다. 빅토리아 여왕은 복식과 화장, 머리형을 리드할 정도로 멋쟁이는 아니었지만 여왕의 스타일은 국민의 표준이 되었고 누구나 여왕의 복식이나 머리형을 하고 싶어 했다.

여성들은 버슬이 유행함에 따라 머리형태와 머리장식은 더욱 정교하고 다양해져 퐁파두르 형으로 앞에서 뒤로 머리카락을 빗어 넘기거나, 이마 위에는 작은 컬을 하고, 컬을 한 머리를 뒤 어깨에 늘어뜨리고나 굵게 땋아 시뇽을 하거나 머리 위로 높게 올렸으며 여기에 꽃을 꽂거나 아름다운 빗과 핀 등을 꽂았다.

당시 유행되었던 모자는 챙이 넓지 않고 작은 펠트 모자나 밀짚모자를 앞 이마쪽으로 기울게 쓰고 관 위에 리본, 레이스, 꽃 등으로 화려하게 장식하여 이마 위로 기울여 썼으며 크게 쉬뇽을 한 머리 뒤로는 레이스, 리본을 늘어뜨렸다(그림51).

그림51. 버슬 스타일과 밀짚모자

남성들의 머리 길이는 더욱 짧아지고 콧수염과 턱수염을 기르는 것이 일반적인 경향이었다. 카이젤(kaiser)이라는 이름이 붙은 양끝이 위로 말아 올라간 콧수염은 염색을 하거나 왁스를 바르는 등 손질을 잘하였다.

5) S-curve

아르 누보(Art Nouveau)의 정신적 골격을 형성하는 상징주의는 대상을 향한 감정이나 이성에 의해서 나타나는 사실적 표현이 아닌 암시적인 표현을 위주로 하며, 당대의 사실주의, 실증주의에 대해서 반발하고 기존의 정치 · 사회 · 문화 · 예술의 체계를 거부하며 절대 자유를 추구하였다. 아르 누보는 풍요로운 영감의 원천인 자연을 대상으로 유기적 생명체들의 다양한 형상들의 기초가 되는 근본적이고 종합적인 구조에 근거하여 자연의 가장 순수한 형태를 포착하기 위해 식물이나 동물들을 관찰하는데 있어 다윈의 진화론에 따르는 자연주의적 방법을 사용했다.

따라서 아르 누보 예술가들은 직선을 피하고 소용돌이 치거나 서로 교차하는 곡선을 주로 사용했다. 이러한 영향이 복식에도 나타나는데, 1895년부터 나타나는 새로운 코르셋은 복부를 납작하게 누르고 가슴과 힙을 과장되게 나오도록 고안하여 S자형 스타일을 만들었고 레이스, 리본 장식 대신 곡선의 식물 문양을 문양화 하였다(그림52). 영국을 중심으로 발달한 남성복식은 재킷, 조끼, 바지를 한 세트로 하여 오늘날 남성복 모드를 확립하였다.

그림52. S자 스타일

19세기 초기에 들어오면서 프랑스 혁명과 자연주의 사상의 대두로 인위적이고 유해한 화장품의 과도한 사용을 자제하려는 분위기가 확산되었고, 19세기의 산업혁명은 화학분야에서도 급속한 발전을 가져와서 화장품의 성분과 제조술이 개선되고 품질이 개량되어 1866년에는 산화아연을 만들어냄으로써 유럽뿐만 아니라 미국에서도 백납분 보다 훨씬 안전하고 새로운 분을 공급하게 되었다.

근세에 들어서도 흰 피부를 선호하였는데, 여인들은 햇볕에 그을리지 않도록 얇은 베일을 썼으며 미용팩과 필링효과가 있는 메카의 향유, 카카오 기름, 고추냉이 기름 등을 이용했다. 왕족이나 귀족의 전유물이었던 크림이나 로션 등의 화장품도 일반인들에게 널리 보급되었으며 질도 향상되고 제품도 다양해졌다. 이밖에도 증기목욕, 염모, 탈모, 매니큐어(manicure), 마사지(massage) 등이 행해졌으며 화장은 훨씬 자연스러워졌다.

매니큐어란 말은 이 무렵에 갓 생긴 신조어였으며, 손과 손톱을 손질하는 것을 의미했다. 1828년 프랑스에서는 겔랑(Guerlain), 1852년 영국에서는 베샴(Beecham), 1886년에는 미국의 해리엇 험버드(Harriet Hubbard)가 현대적 의미의 화장품을 제조하게 되었다.

1890년대에 들어와서는 머리형태도 간단해졌으며, 1895년에는 머리밑에 패드를 넣어 머리형을 점차 크게 보이려 하는 20세기 초기의 퐁파두르형과 같은 스타일의 기초가 만들어지기 시작하였다.

PART 3
20세기 화장문화사

1 1900-1909년

1) 사회문화적 배경

19세기말은 지식층들이 새로운 세기를 향해 카운트다운을 시작함과 동시에 세기의 종말에 참여한 시기였다. 19세기를 통하여 민주사회로 구조적 변화를 거의 달성한 서양에서는 산업화 사회로 급속하게 달려가고 있었으며, 전기는 생활에 많은 변화를 가져왔고 길 위에는 마차 대신에 자동차들이 달리기 시작하였다. 20세기가 과학과 정보화의 시대라면 그 기초는 처음 10년간에 이루어졌다고 하겠다.

20세기 초 서구는 19세기 말의 영향이 그대로 나타나는데 이때 유럽의 선진공업국가들은 해외 식민지를 개척해 부를 축적하여 제 1차 세계대전 전까지 풍요와 성장을 거듭하고 있었다.

20세기 초 10년간 위대한 과학의 진보가 이루어졌으며, 과학과 기술의 발전과 새로운 세기의 초라는 이미지는 새로움이 첫 번째 가치기준이 되게 하였다. 이런 새로움은 지금까지의 감각적인 것에서 사색적인 것으로 과잉장식에서 단순한 것으로 형식적인 것에서 기능적인 것으로의 변화를 가져왔다. 예술에도 이러한 경향은 나타난다. 즉 음악계에서는 스트라빈스키(Stravinsky), 드뷔시(Debussy), 쉔베르크(Schonberg) 등의 근대파의 음악과 탱고가 나타났고 이사도라 던컨(Isadora Duncan)은 현대 발레를 선보였고, 1909년 러시아 발레단은 동양적 이미지의 선풍을 가져왔으며, 모드에서는 코르셋을 없앴다.

한편 산업화를 빨리 이룬 강대국들은 원료 공급과 시장 개척을 위하여 밖으로 식민지 확보에 나섰으며, 안으로는 세력과의 외교적 균형을 이루어 벨 에포크(bell epoque)라 불리는 평화 시대를 이루었다. 역사상 그 어느 시대 보다도 드높은 감각과 감성의 자유를 구가하게 된 프랑스에서는 20세기를 빛낸 수 많은 예술가들을 배출하여 파리를 예술의 도시로 만들었다. 영국에서는 패션의 역사에서 이 시기를 에드워드언 시대라고 부를 만큼 패션과 사교생활을 중요시 하였던 에드워드 7세가 즉위하여 패션에 대한 관심을 고조시키며 활기를 불어 넣었다.

이 시기는 르네상스 이래로 인간적이고 정서가 풍부한 시대였으며, 물랑루즈(moulin rouge)를 시작으로 캬바레, 댄스홀, 뮤직홀, 술집 등이 줄줄이 등장하고 번성 했던 시기이다. 또한 각 국의 왕실과 화려한 사교계의 시대, 낙천적이고 낭비적인 시대, 상류귀족과 미국의 백만장자들이 앞을 다투어 멋을 즐겼던 최후의 시대가 되었다.

당시 유행한 장식예술 및 조형예술인 아르누보는 새로운(nuveau) 예술(art)을 의미한다. 이 예술양식은 당시의 섬세함이나 견고함이 결여된 기계문명과 진부해지고 경화된 실증주의 문화에 대한 반발로 시작된 미술수공예운동(arts and crafts movement)에 기원을 두고 있다. 아르누보 예술가들은 자연에 영감의 원천을 두고 자연의 근본구조 및 원초적인 힘, 그리고 자연의 무한한 창조활동 과정을 파악하기 위하여 동물이나 식물 등의 성장과정을 관찰하는 자연주의적 태도로 임하였다. 즉 자연의 근본구조나 원초적인 힘이나 자연의 창조 활동 과정은 자연유기체의 발달과정에 대한 관찰에서 얻은 유기적인 생물 형상, 특히 식물 형상을 통해서 상징적인 표출이 있었으며, 동 · 식물 형상들은 단절되지 않고 길게 이어지면서 물결치듯 굽이치는 곡선을 통해 유동적 형태로 표현하였고, 색채면에서는 인상주의의 영향을 받아 밝고 부드러운 파스텔 색조를 선호하였다(그림 1, 2, 3, 4).

그림1. 빅토르 오르타의 유리천정

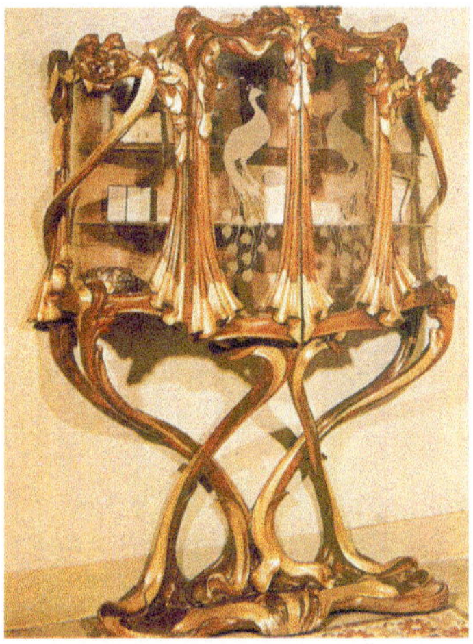
그림2. 아르 누보 양식의 장식장

그림3. 아르 누보 양식의 핀

그림4. 윌리엄 모리스의 벽지

1900년은 파리만국박람회의 해였다. 조명이 등장하고, 처음으로 보는 전기는 사람들에게 큰 쇼크를 주었다.

1900년대의 처음 10년을 지나면서 19세기 후반에 그 씨앗이 뿌려진 사회 변화는 점점 더 분명해지기 시작했으며, 독립심이 강한 많은 신여성은 사람들로 하여금 그들 존재를 인식시키고 진지하게 받아들이도록 만들기 시작했다.

2) 패 션

그림5. S자 실루엣을 위해 착용한 코르셋

자본주의 최고의 발전에 의해 20세기 복식문화는 새로운 성격이 형성된다. 즉 상업적인 이윤을 더욱 증대시키기 위해 패션의 변화가 의식적으로 빨라지는 경향이 생기고 이를 위해 디자이너가 상업화된 생산 시스템에서 활약하기 시작하였다.

기득권층이나 신흥부자들은 사치스런 생활방식, 특히 여성의 호화로운 의상으로 부를 과시했고 정상적인 의상에서 벗어나면 사회적인 조롱을 감수해야 했기 때문에 엄격하게 패션의 규율을 지켰다. 또한 지위와 계층, 나이는 의상을 통해 명백히 드러났다. 1900년대 초반의 여성 패션에는 19세기 후반 스타일의 자취가 아직 남아 있었다. 즉, 전 세기말부터 유행했던 아르누보풍의 화려하게 장식한 S-curve 스타일이 유행되었는데 이런 형태를 내기 위해 각종 코르셋과 페티코트 등의 속옷을 착용했다(그림5). 이것은 부풀은 가슴을 강조하고 허리를 가늘게 하며 힙은 부드러운 곡선으로 하여 옆에서 보면 S자형의 실루엣을 이룬 것이었다(그림6, 7, 8).

1907년부터 패션에서 조금씩 변화의 조짐을 보이기 시작했는데 폴 푸아레(Paul Poiret)의 디자인이 출현하면서 비로소 패션의 방향이 전환되었다. 그러나 전통과 절제의 가치를 중시하고 엄격한 의복 규율을 준수한 남성복은 여성복처럼 심한 변화를 격지 않았다.

20세기 초 파리에서 가장 유명한 꾸뛰르(couture) 의상실은 워스 의상실(house of worth)로 부유한 상류층을 위해 의상을 만들었는데 고객 중에는 유럽 왕실의 여성, 미국의 상속녀와 유명한 여배우들도 있었다. 1900년대 초 워스의 의상실은 상당히 고가였고 때로 너무 화려해서 한눈에 누구의 디자인인지 알 수 있었으므로, 그의 의상을 입고 있는

그림6. S자 스타일(1903)

그림7. S자 스타일(1905)

그림8. S자 스타일(1909)

고객이라면 부와 권력을 지닌 여성임을 뜻하기도 했다.

이 당시 여성들은 결코 편안하다고 할 수 없는 스타일에 코르셋을 입어 자세가 휘지 않도록 했으며, 목을 곧게 펴서 키를 늘이고 턱은 교만하게 치켜들도록 했다. 모자가 필수였으므로 모자 제조업자들은 전보다 훨씬 더 많은 장식품으로 모자를 치장했다. 영국과 미국에서는 깃털 장식을 반대하는 운동이 일어나자 정부가 금지령을 공표했지만 깃털 부착을 신분의 상징으로 생각했으므로 심지어 새 한 마리를 통째로 장식하기도 했다(그림9, 10). 따라서 1900년대 초에는 풍성한 헤어스타일 위에 작고 깊은 모자나 중간크기의 모자를 썼다.

1900년에서 1910년까지는 복식에서 극적인 변화가 없었다. 비록 유행에 있어서 새롭고 혁신적인 사고의 초창기였으나 여성들이 새로운 스타일을 착용하지 못했고, 아직 오랫동안 의상에 대해 가졌던 기본적인 생각에서 벗어나지 못하고 있었다.

그림9. 깃털장식 모자(1909)

그림10. 깃털장식 모자(1909)

그림11. 1909년대의 화장하는 모습

3) 메이크업

벨 에포크(1880년부터 제1차 세계대전 발발 직전까지) 시대는 각 계급간의 신분의 벽이 무너지면서 여성들은 자신의 직업을 갖고 지위가 향상되어 화장이 더 이상 특정 계급의 특권이 아니고 대중화되어 나갔으며, 여성스러움의 상징이었던 단정하고 자연스러운 전통적 화장법에 반발하기 시작했다.

1900년 전에는 화장품을 사용하고 싶어 하는 여성들이 쓸만한 기성 화장품이 거의 없어서 카달로그나 미용실에서 팔았던 상품을 사는 것이 대부분이었다. 대다수의 여성들은 어머니가 딸에게 전해준 치크 칼라(cheek color), 립 포마드(lip pomade), 화이트닝 스킨(skin whitener)과 눈썹을 검게 하는 화장품들을 주로 부엌에서 만들어 썼다.

그림12. 가냘픈 여성의 허리

그림13. 1900년대 여성의 모습

한편 반투명하고 부드러운 피부 빛과 가냘픈 허리는 건강과는 무관하게 어떤 위험을 무릅쓰고라도 세기의 전환기에 아름다움에 대한 가장 중요한 면이었다(그림 12, 13).

또한 한 남자의 아내가 되기로 선택된 여성은 자연스러워 보여야 했고, 메이크업이나 염색한 헤어 같이 인공적인 것에 의한 도움을 받은 모습은 경멸의 대상이 되었다. 동시에 피부는 선탠(suntan)이 되거나, 심하게 불그스레하게 되어서는 안 되었고, 그러한 피부색은 여성을 노동자계급으로 보이도록 했다. 따라서 여성의 피부는 이브닝드레스를 입고 있을 때 눈처럼 하얗게 보여야 했으므로(그림14), 리퀴드 크림(liquid cream)과 화이

그림14. 창백한 피부표현

그림15. 1900년대의 다양한 메이크업 제품들

트 라이스 파우더(white rice powder)가 필수적인 것이었다(그림15). 그러므로 관자놀이, 목, 그리고 목둘레(decolletage)에 있는 약간의 푸르스름한 바이올렛 빛 정맥은 섬세하고 투명한 피부를 강조하기 위해 화장품으로 터치를 주기도 했다. 1900년대 초기 눈썹은 약간 손질되었는데 여성들은 연필로 눈썹을 짙게 하고, 눈의 윤곽이 잘 드러나 보이도록 눈썹의 모양을 잡아주었다. 여기에다가 창백하고 파스텔 빛의 멋진 아름다움을 위한 적절한 향기는 라벤더가 사용되었고, 이 라벤더는 아주 깨끗하고 신선하고 진정시키는 효과가 있었다. 손톱은 폴리싱 페이스트(polishing paste)로 빛이 나게 했으며, 그렇지 않을 경우는 손질하지 않고 그냥 두었다. 또한 1902년경 젊은 여성들은 무도회에 가기 전에 촛불로 자신의 털을 태워 제모를 했는데 이것은 노출이 심한 파티용 드레스가 새롭게 등장하면서부터 였다.

메이크업이 사회적으로 허용이 되면서 여성 참정권론자들(suffragettes)을 중심으로 깔끔한 옷차림과 섬세한 메이크업이 나타났으며, 이것을 보고 이 당시에 매우 독립적인 여성들은 재빨리 모방을 하기 시작하였다.

1900년경 무대에서 사용되던 화장품은 대부분 천연원료였다. 그런데다가 극장안의 조명은 희미하게 깜박거리는 가스등 불빛이었으며, 무대 건너편에서도 배우의 모습을 볼 수 있게 하기 위해 배우는 과장되게 메이크업을 해야만 했다. 따라서 여배우들은 무대에서 드라마틱한 메이크업을 하는데 익숙해졌고, 그들은 곧 그것을 일상생활에서 받아들였다. 이러한 여배우들의 신분이 상승함에 따라 중산층 여성들은 과감하게 루즈, 마스카라, 그리고 아이라이너를 바르거나 최신 파리 스타일로 그들의 머리를 헤나(henna)로 염색했다. 또한 둥근 아이 같은 눈동자가 순결한 룩(innocent look)의 가장 중요한 요소로 부각되기도 했다(그림16). 이로 인해 이전까지 자기주변 사람들에게 영향을 주고받던 여성들이 무성영화의 등장으로 대중 스타의 메이크업, 헤어, 패션 등에 관심을 갖기 시작하였다.

그림16. 순결한 룩

10년 동안의 가장 영향력 있는 여성들 중 하나는 살아있는 인간이 아니라, 일러스트레이터 찰스 다나 깁슨(Charles Dana Gibson)이 창조한 펜 드로잉으로써 생명을 띄게 만든 깁슨 걸 (the gibson girl)이었다(그림 17,18). 1890년과 1910년 사이에 그는 정기적으로 콜리어스(Colliers)라는 잡지에서 여성 해방에 대한 부르주아의 반응을 캐리커처로 그렸는데 가볍게 웨이브진 핀으로 올린(pinned-up) 헤어를 한 깁슨 걸은 항상 화려하고, 지적이고, 아름답고, 스타일적으로 자신감 있는 젊은 여성을 중심으로 표현하였다(그림19).

그림 17. 깁슨 걸

그림18. 깁슨 걸 파우더

그림 19. 콜리어스 잡지(1904)

화장품 제조 산업도 1901년 마사지 크림 생산에 이어서 샴푸(shampoo)와 매니큐어가 본격적인 대량생산 체제로 발전하기 시작하였다. 1905년에는 헬레나 루빈스타인(Helena Rubinstein)(그림20)의 첫 번째 남편인 티투스 루빈스타인(Titus Rubinstein)이 발라즈 크림(valaze cream)의 장점을 설명하는 광고전단을 디자인하기도 했다(그림21).

이와 같이 19세기에 들어서서 산업 사회의 등장과 함께 산업의 기반이 마련되고 화장품 제조 화학이 활발해지자 새로운 화장품이 나타났다. 특히 제1차 세계대전 후부터는 화

그림 20. 헬레나 루빈스타인

그림 21. 발라즈 크림 광고(1905)

그림 22. 1900년대 스타일의 여성 화장

장품 사용이 안정을 찾아 피부용 크림과 가루분 사용이 일반화되었고 비누도 등장하게 되었다.

그리하여 여성들 전용의 화장품을 만드는 기술이 발달하게 되었고 여성의 아름다운 이상형의 조건을 청결한 건강함에 두면서 화려하게 꾸미는 화장보다는 깨끗한 피부 위에 자연스럽게 하는 화장이 19세기 말에 이어 계속 유행되었다(그림22). 따라서 피부를 희고 깨끗하게 가꾸는 기초화장품인 크림이나 로션류가 애용되었으며, 화려한 색조 화장은 일부 제한된 계층의 여성들에게서 행해졌다.

4) 헤 어

1900년 초는 퐁파두르 스타일이 유행하였는데, 처음 나타난 18세기의 머리형태는 가르마를 하지 않고 머리카락을 두상에 딱 붙여 빗어 올려 머리 뒤에서 정리해 양쪽 귀 밑으로 애교머리를 내놓는 방식으로 나타났다(그림23). 그러나 20세기 아르누보 시대에 유행했던 퐁파두르는 18세기에 나타난 것과는 다르게 느슨한 형태가 인기 있었고 여러 가지 변형이 나타났다.

즉 앞머리는 이마 위로 빗어 올리고 기다란 뒷머리는 뒤에서 올려 높이 고정시켰는데 가끔은 랫(rat: 소시지 모양의 롤 또는 머리 속에 넣은 펠트)이나 스위치(switch)와 같은 머리 다리나 인공 패드를 머리 속에 집어넣어 부풀리는 효과를 주었다(그림24). 이때 부풀리는 효과를 줄 때는 백 콤(back comb)효과를 주었으며 뒷머리는 시뇽 형태로 하였다.

그림23. 18세기의 퐁파두르 스타일

금박이나 보석으로 장식된 거북이 껍질이나 호박으로 만든 빗이 머리 모양을 유지시키는데 사용되었으며, 앞머리는 이마 앞부분에서 부풀려 뒤로 넘기거나, 웨이브를 주어 매력적으로 보이게 하였다.

이 당시의 전형적인 헤어스타일은 게인즈버러(gainsborough)라고 불렸는데 그 형태는 여러개의 가발 헤어피스(false hairpiece)를 덧붙여서 핀으로 올려서 위쪽에 정돈한 형태였다(그림25).

퐁파두르 스타일의 머리 형태는 아르누보의 풍요로움과 곡선미를 나타낸 것이라 할 수 있다(그림26). 즉 이 머

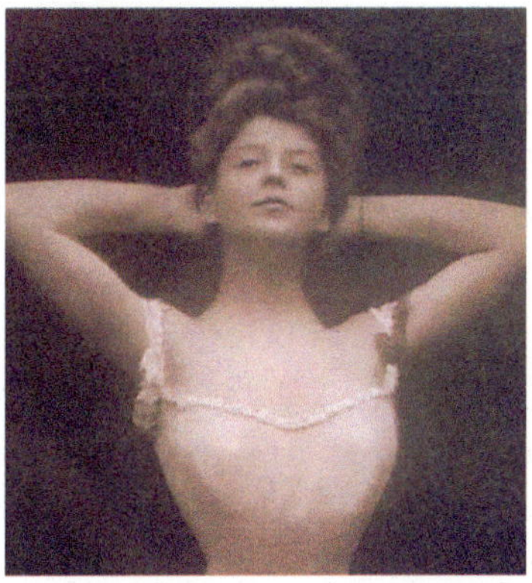

그림 24. 1900년대 퐁파두르 스타일

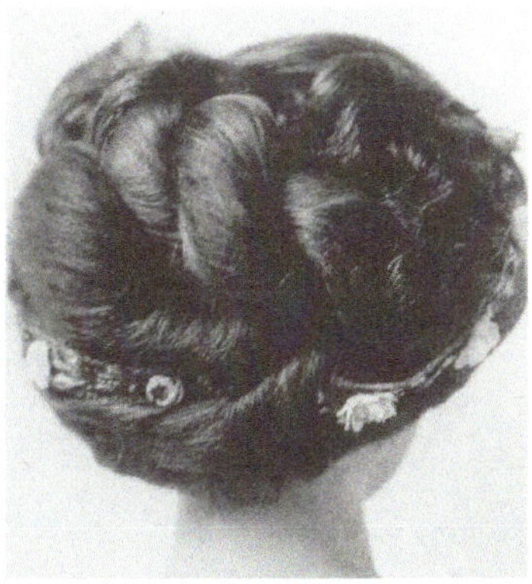

그림 25. 게인즈버러

리는 곱게 치장된 장식적 스타일을 벗어나지 못했으며 이것은 이 시대의 풍요로움이 머리 장식에도 나타나고 있는 것이었고, 아르누보 양식의 곡선미는 느슨하고 부드럽게 치켜 올린 머리형태의 전체적 실루엣에서 나타난 것이라고 볼 수 있다. 그러나 이 머리 형태는 20세기 이전보다는 무척 단순화 되었고, 전시대의 과잉 장식적 머리 형태에서 단순한 형태로 가는 첫 단계에 나타난 스타일이라고 볼 수 있다(그림27, 28, 29).

모자는 19세기말 이후 크라운이 낮아지기 시작하였으며 그 형태와 크기는 다양해졌다. 초기에는 타조털을 많이 장식한 메리 위도우(merry widow)라는 벨벳으로 만든 모자와 버섯모양으로 크게 만든 모자가 유행했다(그림30).

또한 1907년에는 마샬 웨이브(marcel wave)가 유행했고 앞머리를 적갈색으로 물들이고 작은 리본이나 생화를 꽂는 머리도 유행하였다. 머리는 낮보다 저녁에 더욱 정교하고

그림 26. 1900년대의 퐁파두르

그림27. 퐁파두르 스타일과 깃털 장식 모자

그림28. 퐁파두르 스타일과 깃털 장식 모자

그림29. 퐁파두르 스타일과 깃털 장식 모자

화려하게 손질했으며 옥석을 박은 빗이나 꽃, 리본, 깃털 등을 사용하였다. 이때 빗은 머리 뒤에 꽂거나 옆에 꽂아 장식했다(그림31).

그림 30. 메리 위도우

그림31. 마샬 웨이브

1909년 퍼머넌트(permanent)의 발명은 가히 혁신적이라 할 수 있는데, 이는 원하는 만큼의 머리숱을 갖게 해줄 뿐만 아니라 머리 손질에 수고를 덜어주고 시간과 돈을 절약하게 해주는 기술이었기 때문이다(그림32).

밝은 색의 헤어는 젊게 보였으며 스트레이트 헤어는 고집스러움을 암시했고 경멸 받았

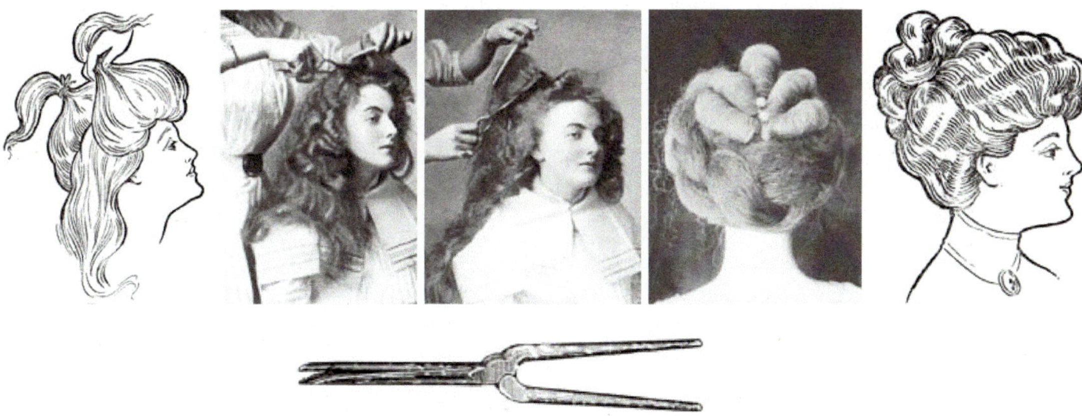

그림 32. 미국 여성의 웨이브 만드는 모습과 마샬 아이론(1910)

다. 느슨하게 올린 웨이브 진 헤어는 좀 더 상냥해 보이는 인상을 만들었는데, 여성들은 이런 스타일을 만들기 위해서 컬링 아이론, 퍼머넌트, 가발을 땋은 머리(false braids)등을 이용해서 연출하였다. 머리숱이 적은 여성들은 가발이나 랫으로 알려진 패드를 사용해서 볼륨을 살렸으며, 헤어핀과 빗으로 고정했다(그림33, 34). 컬을 만드는 젓가락으로 일시적으로 머리를 높게 유지하기도 했다. 그러나 1906년 샤를 네슬레(Charles Nestle)는 패드나 가발 없이도 부풀린 스타일을 할 수 있는 영구적인 웨이브 만드는 방법을 소개했는데 이것은 시간이 많이 소요되었다. 이처럼 우아한 머리 손질은 여전히 여성들의 즐거움 이었다.

그림 33. 랫을 이용한 헤어스타일

그림 34. 여성 가발 랫을 이용한 헤어스타일

그림 35. 이사도라 던컨과 마타하리

탈모 등 모발에 문제가 있는 남성과 여성들은 토닉(tonic)이나 탁월한 효과를 선전하는 아를렌(harlene) 같은 발모제를 발랐으며, 남녀가 함께 사용할 수 있는 다양한 머리 염색제와 흰머리를 검은색으로 바꿀 수 있게 하는 약품을 광고했다.

무용수들도 역시 여성들의 옷과 외모에 큰 영향을 미쳤는데, 특히 이사도라 던컨과 마타 하리(Mata Hari)와 같은 외모를 선호하여 많은 여성들이 이들의 메이크업과 헤어스타일을 모방하였다(그림35).

1900년대 초반의 헤어를 이용한 특징적인 장식 액세서리는 엽서와 발렌타인 카드에 자주 사람의 헤어를 붙여서 보내는 풍습이 있었다. 낭만적인 사람은 자신의 헤어 타래로 특별하게 만든 엽서를 아름다운 여성의 그림위에 붙이고 그것을 기념품으로 누군가에게 보내곤 했다(그림36).

그림 36. 엽서와 발렌타인 카드

사랑하는 사람의 헤어 타래를 보관하는 것은 흔한 일이었으며(그림37) 이것은 한 가족의 몇몇 구성원들로부터 나온 것으로 보인다. 모닝 브로치(mourning brooch, 상중임을 나타내는 브로치)는 사랑하는 사람의 머리카락을 보존하기 위해 사용되는 흔한 장신구의 일종이었다. 이 브로치는 프린스 웨일즈(prince of wales)의 깃털 형태로 만들어졌고, 작은 진주알과 금색 실로 장식되었다(그림38).

그림 37. 헤어를 보관하는 용기

그림 38. 모닝 브로치

2 1910-1919년

1) 사회문화적 배경

20세기의 처음 10년이 새로운 과학과 예술로 20세기의 기초를 닦는 시대였다면, 두 번째 10년간은 전쟁과 정치 이데올로기의 시대였다. 가장 큰 사건은 제1차 세계대전으로 1914년에서 1918년까지 계속된 것으로 그 기간이 비교적 짧았음에도 불구하고 전쟁이 가져온 변혁은 대단한 것이었다. 러시아에서는 1917년 10월 레닌(Lenin)이 혁명에 성공하여 소비에트(Soviet) 정부를 조직하였으며, 유럽에 공산주의가 확산되었다. 미국에서는 윌슨(Wilson) 대통령이 민주주의 수호를 명분으로 연합국에 참가하여 세계의 주역으로 등장하였고, 동시에 민족 자결주의를 주장하여 아시아 각국에 독립에 대한 열망을 불어 넣었다.

한편, 과학의 발전은 모든 면에 속도화, 대량화, 표준화 등을 이루었고 아울러 전에는 상상할 수 없었던 편리함을 가져왔으나, 새로운 이데올로기의 배경 아래에 과학이 주는 엄청난 변화들을 어떻게 받아들이냐 하는 것은 예술가들에게 있어서도 풀어야 하는 주제였다. 이탈리아에서 일어난 미래주의 운동은 기계의 움직임에서 오는 속도감과 역동감을 예찬하고 그 다이너미즘(dynamism)을 작품으로 표현하였다. 이 미래주의는 짧은 기간이긴 하였지만 문학, 시, 건축, 디자인, 사진, 음악, 패션에 이르기까지 모든 영역에 영향을 끼친 최초의 아방가르드 운동이었다. 산업화에 적응하는 기계미학의 성립으로 새로운 디자인 개념이 대두되는 배경 속에서 건축가 그로피우스(Gropius)에 의해 1919년에 바우

그림1. 바우하우스 전시회 포스터

그림2. 바우하우스 표지

그림3. 바실리 칸딘스키 작품

하우스(Bauhaus) 조형학교가 독일 바이마르(Weimar)에서 창립되었다. 여기에서 주창한 보편성, 기능성, 단순성은 현대 조형예술의 토대를 이루었다(그림1, 2, 3).

제1차 세계대전은 국민 생활 전반에 걸쳐 정신적 · 물질적으로 그 원형부터 바꾸어 놓았다. 전쟁에 군인으로 나간 남자들의 공백을 메우기 위해 여자들이 공장노동, 기타 사회적 분업에 진출했다.

2) 패 션

제1차 세계대전은 사회 각 방면에 변화를 야기했는데, 패션에서도 예외는 아니었다. 직업을 가진 여성들은 참정권을 요구했으며 1918년 이후 많은 나라에서 헌법에 남성과 여성의 동등권을 인정하였다.

그림4. 테일러 슈트

그림5. 테일러 슈트

이러한 여자들의 사회적 진출은 여자 복장에 커다란 변화를 일으키게 되었다. 즉, 스커트의 길이가 짧아지게 되어 테일러드 슈트(tailored suit)로 정립되고 1917년경에는 보편화 되었다(그림4, 5). 사회로 진출한 여성들의 생활 양식의 변화로 자유와 권리, 참정권을 요구하고 자유연애의 기치를 들고 공공연히 담배를 피우기 시작했고 여성들도 점차 전문적인 직업을 갖게 되었다.

또한 이 시기에는 19세기의 박스(box)카메라의 계속된 발전으로 활동 카메라의 발명을 가져와 무성 영화가 나왔는데, 실제적 스타일보다는 환상적이고 우아한 것에 대한 호기심을 고취시킨 무성 영화는 의상과 장식에 새로운 영향을 주었다.

1910년대 초반의 유행 의상은 19세기 말부터 유행했던 S-curve 스타일이 계속 입혀졌으며, 폴 푸아레는 1900년대 초반의 곡선적인 형태의 풍만한 실루엣을 길고 날씬한 선으로 변화시켰다. 자신을 알리는데 뛰어났던 푸아레는 코르셋의 억압으로부터 여성들을 해방시켰으며 밝고 강렬한 색상을 사용했던 최초의 디자이너로 인정받았다. 푸아레는 최신 호화소재와 이국적인 직물을 혼합하는 등 색상, 질감, 소재를 다루는 데에 탁월했다. 즉, 동양적 스타일이라고 볼 수 있는 호블 스커트(hoble skirt), 하렘 스타일(harem style), 미나레 스타일(minaret style), 기모노 스타일(kimono style), 엠파이어 튜닉스타일(empire tunic style), 터번 등을 새롭게 등장시켰다(그림6, 7, 8, 9, 10, 11).

1911년 그는 향수 로진(Rosine)을 소개했으며, 장식미술 스튜디오 아틀리에 마르틴(Atelier Martine)을 설립하고 1914년 모델들을 데리고 유럽 여행을 했다.

제1차 세계대전으로 인해 패션디자인과 소재, 그리고 의복제조 방식에서 중요한 변화가 나타났다. 여성복이 급진적인 발전을 이루었는데 특히 낮에 입는 의상과 직장에서 입

그림6. 호블 스커트(1914)

그림7. 호블 스커트(1910)

그림8. 하렘 스타일(1911)

그림9. 미나레 스타일(1912)

그림10. 기모노 스타일과 터번(1912)

그림11. 엠파이어 튜닉스타일

는 의상에서 뚜렷했다. 노동력이 부족해지자 세탁과 다림질, 가봉 등 복잡한 과정을 거치는 옷은 비실용적으로 간주되었고, 디자인은 전쟁으로 인한 물자 부족과 검소한 생활양식을 반영하면서 변모했다.

1916년 경에는 스커트 길이가 발목에서 2~3인치 위로 올라가면서 신발이 노출되었다. 이와 같이 전쟁 이후 스커트 길이가 짧아지고 여성들의 의상이 많이 단순해졌으나 아직 기능적인 복장이 되지는 못하였다.

20세기 초에 들어와 유럽 여러 나라에서는 경제적 발전을 배경으로 하는 제국주의의 경쟁이 더욱 심해졌다. 거창한 식민지 정책에 의한 경제적 침투와 함께 선진국의 복식문화는 세계의 구석구석까지 파급됨으로써 서유럽 의복의 국제화를 인도하게 되었으며, 이때부터 모드의 세계적 유통이 눈에 띄게 발달하였다.

그림 12. 거울 앞의 여성(1918)

3) 메이크업

19세기 말에서 20세기 초는 화학적으로 제조된 다양한 화장품이 나타나게 되어 눈을 화장하는 마스카라, 아이펜슬, 아이섀도우 등의 화장품이 가게에 진열되었다. 한편 옛날 방식으로 집에서 화장품을 만드는 풍습도 그대로 남아 있어 램프 또는 촛불에 접시를 그을려서 숯을 모아 그것으로 눈썹을 그리는 방법, 잘 익은 딱총나무 열매를 눈썹에 문지르기도 하고, 촛불에 태운 코르크를 쓰기도 하였다. 유향 또는 유향나무로 만든 숯을 즐겨 쓰기도 했는데 이는 땀을 흘려도 지워지지 않는다는 이유 때문에 이 화장법을 주로 사용하였다. 이러한 방법들은 이 당시에 출판된 책에 나와 있기도 하였다. 이 무렵 화학적으로 만들어진 아이펜슬 중에는 눈썹을 빠지게 하는 위험한 제품이 있었다는 점도 이런 풍습이 사라지지 않았던 이유 중 하나였다. 그러나 젊은 여성들은 아무렇지도 않게 분이나 입술연지, 또는 아이펜슬을 사서 사용하기도 하였다.

1910년에 메이크업은 이미 일반적으로 사용되었지만, 그 결과는 가능한 한 자연스럽게 보이려는 것이었다. 그러나 1910년대의 여성들은 점차적으로 그들의 이상형으로 적합한 세 가지 유형 즉, 소녀의 모습과 헌신적인 성모 마리아의 모습, 그리고 이국적인 요부의 모습 등을 화장을 통해 구체화시켰다(그림13).

그림 13. 1910년대 화장한 여성의 모습들

오리엔탈(oriental) 붐이 일어나 동양적이고 신비스런 강한 색조가 인기를 끌게 되자 화장의 색조도 풍부해지기 시작하였고, 특히 밝은 색을 매우 선호하였다. 디자이너 폴 푸아레에 의해 전개된 오리엔탈 분위기의 의상과 이에 어울리는 화려한 동양풍의 화장은 유행에 지대한 영향을 주었다(그림14).

그림14. 동양풍 화장

특히 1909년 디아길레프 러시아 발레단의 공연인 세헤라자드(scheherazade)의 영향에 의해 색채적으로 진한 색이 선호되었다(그림15). 즉 밝은 색과 진한 색이 인기를 끌게 되면서 핑크나 붉은입술이 등장했으며, 속눈썹을 위로 말아 올리고 눈썹을 검게 칠하는 새로운 기법의 눈 화장이 터키, 아라비아 중동 지역의 의상과 함께 유행했다. 또한 눈을 옆으로 길어 보이게 하는 아이라인(그림16), 눈썹과 눈사이에 황색분이나 강렬한 색으로 바르는 동양적인 분위기의 눈화장 등은 패션을 의식하는 선도적인 여성들에 의해 시도되었다. 이때 무용가 아나 파블로바(Anna Pablova)의 무대화장은 파리를 지배했는데, 그녀의 밝고 강렬한 색상의 화장은 그때까지 영국 빅토리아 여왕 시절의 파스텔톤의 화장 일색이던 것을 밝고 강렬한 색상의 화장으로 변화시키기도 하였다.

그림15. 디아길레프 러시아 발레단 공연 세헤라자드

인조 속눈썹이 미용의 역사에 등장하기 시작한 것은 19세기 말 무렵부터인데 영국에서는 그 시대의 젊은 멋쟁이 여성을 위해 윌리 클락슨(Willey Clarkson) 부인이 만들었고, 퍼머넌트 웨이브의 방법을 고안한 샤를 네슬레 부인도 20세기 초반에 런던에서 인공적인 속눈썹을 연구하고 있었다. 이것이 갑작스럽게 주목을 받게 된 것은 제1차 세계대전 직전에 런던에서 러시아 발레가 큰 성공을 거두어 동양적 취향이 의상이나 인테리어, 화장 등에 영향을 끼치기 시작했을 때부터이다.

그림16. 아이라인 제품

특히 런던에서 러시아 발레단이 세헤라자드를 공연했을 때 마스카라와 아이섀도우 등 눈 화장품의 판매가 부쩍 늘

그림17. 영화 키스메트

그림 18. 조세핀 베이커

그림19. 검은 핀 같은 인조속눈썹

그림20. 폴라 네그리

었고, 무대에서 사용되고 있던 인조 속눈썹이 유행하기 시작한 것도 그 영향 때문이라고 한다. 나중에 아라비아의 이야기인 키스메트(kismet)가 같은 도시에서 공연되었을 때, 무대에 나타난 배우들은 2인치나 되는 긴 인조 속눈썹을 붙이고 황금 유리가루를 눈꺼풀에 바르고 있었다(그림17). 이 연극의 스타였던 드레타 멀로는 무대에 나가지 않는 대낮에도 무대에서와 똑같은 눈화장을 하여 유행을 일으켰다. 일본에선 한 극장 지배인이 제1차 세계대전 후에 파리의 무대에서 공연하는 조세핀 베이커(Josephine Baker)의 인조 속눈썹을 보고 작고 검은 핀 같다고 표현하기도 했다(그림18).

초기의 스크린 배우들인 폴라 네그리(Pola Negri)(그림20)와 테다 바라(Theda Bara)(그림21)는 영화의 클로즈업(close up)의 발달로 인해 눈에 콜과 마스카라를 발라 눈매를 더욱 신비롭고 그윽하게 표현함으로써 관능적인 매력을 발산했다. 특히 폴라 네그리의 아래로 처진 눈썹 모양이 특징적이다.

전쟁 동안 메이크업에 돈과 시간을 낭비하는 것은 헛된 행동으로 간주되어 입술에는 루즈를 살짝 발랐으며, 눈꺼풀 위에서 반짝이는 소량의 바셀린을 바르는 것이 전부였다.

그림21. 테다 바라

전쟁에 나간 남자들의 대부분은 그들의 부인들이 릴리안 기시(Lillian Gish)만큼 정숙하고 섬세하기를 원했다. 왜냐하면 릴리안 기시는 무성영화 스타로 5살의 나이에 데뷔를 했으며, 상냥한 작은 소녀의 모습으로는 그 당시의 취향을 반영했다(그림22).

제1차 세계대전 동안에는 화장품 산업의 규모는 작았지만, 아름다움에 대한 욕구를 충족시키기 위해 점차 화장품과 향수가 중요해졌다. 당시에는 저속하다고 여겨졌음에도 불구하고 여성들은 내실에서 조금씩 솜씨 있게 화장을 했다. 또한 털과 점을 제거하고 모공을 줄이기 위해 전기 분해법을 사용하기도 했으며, 자연스럽고 건강한 피부색과 피부 관리도 강조되었다. 비첨(beecham)과 웰턴(whelpton) 같은 정화제가 창백한 볼을 건강한 홍조 띤 볼로 바꿔준다고 광고했고, 많은 여성들은 핑크빛이 돌게 하기 위해 볼을 꼬집고 입술을 깨물었으며, 좀 더 대담한 여성들은 효과가 빠른 색이 나는 입술 연고나 루즈를 발랐다(그림23).

그림22. 릴리안 기시

1910년대의 영국, 미국, 프랑스 화장의 주된 흐름은 도덕과 윤리를 바탕으로 한 보수적인 점잖은 화장을 강조한 자연스러운 화장이었다. 따라서 화장은 여성의 신분을 그대로 나타내는 것으로 짙은 화장은 행실이 부도덕한 여성이

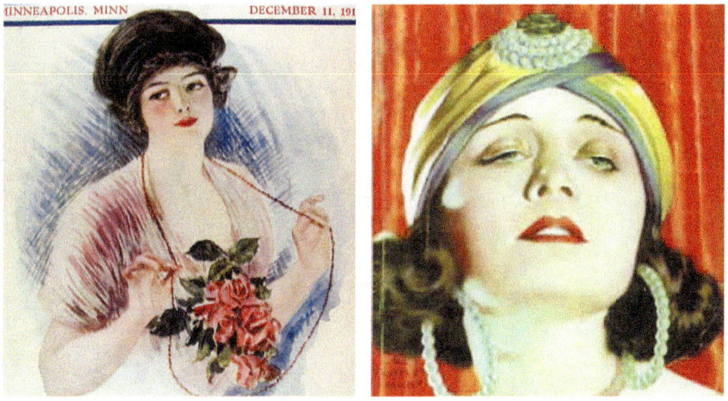

그림23. 창백한 피부와 홍조 띤 볼

하는 것이었다. 그러나 프랑스 파리의 여성들은 달랐다. 즉 파리 여성의 대담하고 화려한 화장은 곧 프랑스 파리의 자존심이자 전통이었다. 그래서 극장의 여배우들의 화장은 곧바로 파리의 일반 여성들에게 퍼져 나갔다. 그녀들은 마스카라 등 눈 화장은 짙게, 볼연지는 붉게 하고 입술은 작게 그렸다.

영국의 귀족사회에서는 이 시대에 새로운 메이크업을 시작했다. 그것은 문신을 하는 것으로 일부 사람들에게만 사용되었다. 죠지 바첻(Gerge Barchet)은 당시 유명한 문신사였으며, 그로 인해 문신이 영국에서 일반화되기도 하였다. 1910년에 많은 사람들은 제관식 문신(coronation tatto)을 했는데, 주로 애국심을 표현하기 위해서였다. 심지어 란돌프 처칠 부인(Lady Randolph Churchill)까지도 문신을 하였다(그림24).

그림24.란돌프 처칠 부인

1912년에 간행된 가정백과사전의 화장 항목을 보면 연지의 사용에 대해 기록을 하고 있는데 눈 꼬리가 내려간 것을 올라간 것처럼 보이게 할 때라든지, 눈꺼풀 중간에 눈 꼬리 쪽으로 눈에 띄지 않게 연지를 바르거나, 위쪽 속눈썹의 가장자리 부분에 아주 얇게 연지를 바른다는 내용이 있는데 이것은 눈화장에 연지를 사용하는 화장법이 남아 있었음을 알려 주는 내용이다.

다음 해인 1913년 보그(Vogue)의 미용담당기자는 퍼프가 달린 작은 고형 파우더 상자는 부인들의 필수품이라고 할 만큼 흔했다고 언급하기도 했다. 이 고형파우더 상자는 초기에는 판지로 만들어졌지만 이어 금속으로 된 상자에 퍼프와 함께 거울을 뚜껑 안쪽에 달게 되었고, 이로 인해 처음으로 퍼프와 거울이 달린 하나의 상자에 고형 파우더와 볼연지가 함께 들어있는 제품이 나왔다. 파우더의 색상은 몇 년 동안 흰색, 핑크색이 모든 안색에도 어울린다고 생각되었지만, 점차적으로 연 보랏빛이나 갈색, 오렌지색의 새로운 색이 가미되었

그림25. 고형 파우더 상자

다(그림25). 그 외에 부인들의 핸드백에 들어갈 수 있는 새로운 것으로써, 손톱광택제와 손톱 줄(nail file)이 든 3인치의 셀룰로이드로 된 원통형의 케이스와 소형 손거울, 그리고 타원형 거울이 들어있는 실크 콤팩트 케이스가 있었다.

르 시크릿 가비 데즐리(Le Secret Gaby Deslys)는 국제적으로 알려진 화장품으로 상자 하나와 튜브 두개와 스펀지 한개, 목이나 팔에 사용하는 미백료, 얼굴 착색료, 입술과 볼, 손톱에 바르는 연지로 구성 되어있다. 무엇이든 함께 섞어서 사용할 수 있고, 어떤 색이든 스펀지로 바를 수 있으며, 얼굴의 어떤 결점도 완벽하게 커버하고, 몇 시간이 지나도 수정이 필요 없는 완벽한 상태를 유지하며, 땀을 억제하고 냄새를 제거한다고 사람들에게 광고를 했다. 이 광고에는 가비 데즐리의 큰 사진도 게재되었다(그림26).

그림26. 가비 데즐리

또한 헬레나 루빈스타인의 핑크 파우더는 이 당시에 신이 주신 선물로 간주되기도 했는데 그것은 화이트 파우더로 두껍게 뒤덮여 있던 극도로 인공적인 얼굴을 자연적인 모습으로 바꾸었다(그림27). 이때 경쟁 상대였던 엘리자베스 아덴(Elizabeth Arden)(그림28)은 같은 시기에 첫 번째 살롱을 오픈 했으며, 이 두 사람은 그들의 고객들을 위해 새로운 제품들의 리스트를 계속해서 제공했고, 상류 계층의 고객들이 규칙적인 얼굴 마사지를 받도록 설득하였다. 이 마사지는 오늘날 하는 것처럼 포어 클린징 스팀 배스(pore-cleasing steam bath)로 구성되어 있었다.

그림27. 헬레나 루빈스타인의 핑크 파우더

1912년에는 새로운 액체 파우더가 나왔는데, 이것은 다

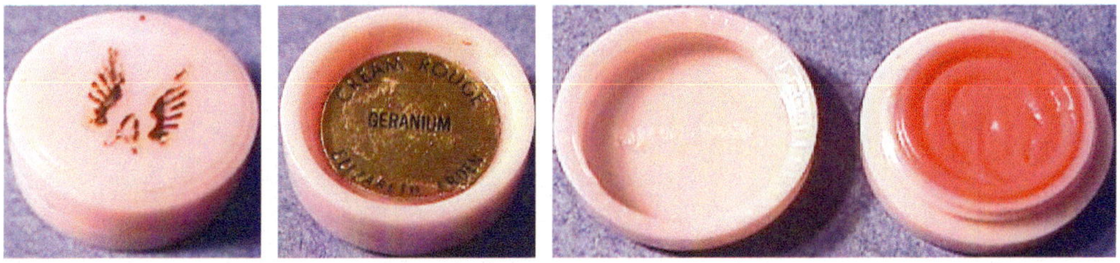

그림28. 엘리자베스 아덴의 크림 루즈 콤팩트

른 종류의 몇 가지 파우더와 비교했을 때 밀착력이 떨어지지만 약품으로 처리되어 인체에 무해하였으며, 색상은 주로 자연색, 살색, 갈색이었고, 얼굴에 발라도 괜찮았으며 기본적으로는 목이나 팔을 희게 하기 위해 이용되었다.

페이스 파우더에 관해서는 경쟁이 심했는데 그 예들을 보면 주로 각 제조업자들은 어떻게 해서든 자사의 제품이 다른 것보다 뛰어난 이유를 드러내려고 했다. 촉감이 부드럽고 깃털과 같다라든지, 투명감이 있어 발라도 피부색이 투명하게 보이고 번들거리지 않으며, 바람이나 일광으로부터 피부를 보호하고, 젊음을 나타낼 수 있는 매력을 준다고 광고했다. 또한 연분홍색의 페이스 파우더를 사용함으로써 젊어 보이는 효과를 부각시켰다(그림29).

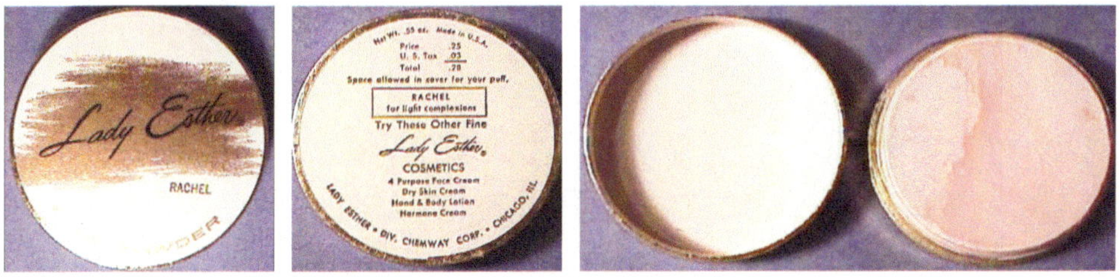

그림29. 페이스 파우더

1914년 마담 리나 까발리에리(Madame Lina Cavalieri)는 화장하는 공간은 모든 결점을 볼 수 있도록 조명이 밝고 큰 거울을 갖추는 것이 좋으며, 또한 화장대는 소박하더라도 우아하고 아름답고 청결한 인상을 주기 때문에 흰색으로 된 것이 좋다고 조언하기도 했다. 그녀는 화장대 위에 항상 장미수와 화장초(化粧酢)를 넣어둔 병을 두고 얼굴이 달아올랐을 때 목 주위에 뿌려서 피부를 회복시켜 주었다. 마담 리나 까발리에리가 사용한 화장초는 꿀, 식초, 잘게 썬 붉은 백단을 섞어 만든 것으로 18세기의 처방을 근거로 조합한 것이었다(그림30).

1915년경 미국에서 립스틱과 아이펜슬이 처음으로 만들어졌으며, 제1차 세계대전 후에 일반화되었다. 새끼손가락 정도 크기의 편리한 립스틱을 영국 단편소설에서는 연지막대라

그림30. 리나 까발리에리

는 용어로 사용되기도 했으며, 영일사전에는 막대 입술연지라는 말로 번역이 되어있기도 했다. 오늘날에는 입술연지라 하면 대부분이 립스틱이므로 굳이 막대 입술연지니 연지막대라는 단어를 사용하지는 않는다(그림31).

1919년 폼피안(pompeian) 화장품은 마치 이 시대의 스타와 같은 것이었다. 즉 데이크림은 벨벳처럼 매끄럽게 피부를 보호해주고, 흰색, 갈색, 살색의 페이스 파우더는 피부에 아름다운 투명감을 표현해 주었다. 이로 인해 폼피안 화장품은 여성들로부터 많은 사랑을 받았다(그림32).

미용 클리닉은 초기에는 주로 경제적이고 여유가 있는 여성들이 이용하였는데, 이곳은 여성들이 피부 관리를 받고 머리와 화장을 손질하는 등 요즘의 토탈 미용샵 역할을 했으며 이 사업은 미국에서 성행되었다. 또한 운동을 통해서 여성들은 몸매와 피부를 건강하게 가꾸는 풍조가 퍼졌고, 따라서 보기 좋게 그을린 피부가 선호되었으며 이런 분위기가 만들어지는 데는 현대 무용가인 이사도라 던컨의 영향도 컸다.

그리고 대부분의 여성들이 건강에 좋은 특성을 가진 제품들을 선호하기 시작하면서 부터 미용 제품들을 판매하는 것은 쉽지가 않았다. 예를 들면 눈꺼풀과 입술을 반짝이게 만들기 위해 사용되었던 바셀린(vaseline)은 연고(ointment)로 불리게 되었고, 이처럼 약효가 있는 제품들은 하찮은 것으로 취급 할 수 없었기 때문이다. 여성들은 크림, 로션, 그리고 메이크업 보다는 미용 성형 수술을 원했고, 주름을 위한 파라핀(paraffin) 주사는 아주 흔했다. 1910년대는 마사지 크림이 생산된 후 크게 인기를 얻었고 연이어 화장품 제조 산업이 발달하면서 메이크업에 대한 인식이 달라지기 시작하였다.

그림31. 새끼손가락 정도 크기의 편리한 립스틱

그림32. 폼피안 크림

그림 33. 글로리아 스완슨의 보브 스타일과 머리 터번 장식

4) 헤 어

그림 34. 아이렌 캐슬의 보브스타일

20세기 초의 시대상황 즉, 제1차 세계대전(1914~1919)과 여성해방운동, 댄스 붐이라는 시대적 배경 속에서 상하 계층을 막론하고 많은 여성들이 남성을 대신해서 군수품 공장과 종군 간호사로서의 참전과 여러 분야에서 일을 하지 않으면 안 되었다. 따라서 여성의 머리 형태는 성적 매력과 권위의 표시로 장식되던 것에서 단순하고 손질하기 쉬운 합리적인 모양으로 발전하게 되었다.

또한, 전후 직장을 가진 여성들이 늘어남에 따라 남녀평등 사상이 나타나게 되어 남성과 똑같이 짧은 머리를 하게 된 것이다. 이렇게 나타나게 된 보브 스타일(bob style)은 기능주의의 영향으로 단순함과 기능성을 추구하는 시대 흐름을 반영하고 있다.

그림 35. 이사도라 던컨의 보브스타일

이 스타일은 유명한 볼룸 댄서인 아이렌 캐슬(Irene Castle)의 이름을 단 캐슬 보브(the castle bob)의 데뷔와 함께 1915년에 시작되었다. 편리하게 커트된 그녀의 헤어스타일은 20세기 헤어 패션에서 혁신적인 스타일로 남겨졌고(그림34), 또한 그 당시 유행한 현대 발레리나였던 이사도라 던컨이 보브 스타일의 머리를 한 것도 역시 보브 스타일이 인기를 끄는데 한 몫을 했다(그림35).

그림36. 여성스러운 긴 머리

보브란 자른다(cut)의 별칭으로서 지금의 단발(dutch bob)과 쇼트 커트(shingle bob)를 총칭하는 것으로 본래는 네덜란드인들의 전통적 머리 형태로 서양에서는 주로 어린 소녀들이 이 형태의 머리를 하고 다녔다.

보브는 단순한 룩이었지만 깁슨과 마샬에 의해 창조되어 오랫동안 지속되었던 여성스런 룩으로 부터의 과감하고 혁신적인 표현이었다.

1918년 영국에서는 집을 소유한 30세 이상의 결혼한 여성에게 투표권을 부여했는데, 이런 사회 상황속에서 보브 스타일은 더욱 인기를 끌게 되었다. 그러나 이런 짧은 머리가 처음부터 쉽게 받아들여진 것은 아니었다. 왜냐하면 여성의 긴 머리는 여성스러운 우아함과 아름다움의 상징이었기 때문이다(그림36).

또한 이런 짧은 보브 스타일의 머리를 여성들이 꺼려하게 된 다른 이유는 다음에 유행할 스타일이 무엇인지 모른다는 점도 있었다. 왜냐하면 그 당시의 유행은 개성의 표현이라기보다는 주로 패션 저널이나 신문의 지시에 따른 것이었기 때문이다.

그러나 이전에는 여성의 아름다움의 상징이던 긴 머리가 양식적 특성 면에서 볼 때 과잉장식을 벗어나 단순하고 기능적인 면을 추구하면서 스마트한 형태의 짧은 머리를 하게 되는 계기가 되었으며, 짧게 자른 머리형에서 아름다움을 느끼게 되었다(그림37).

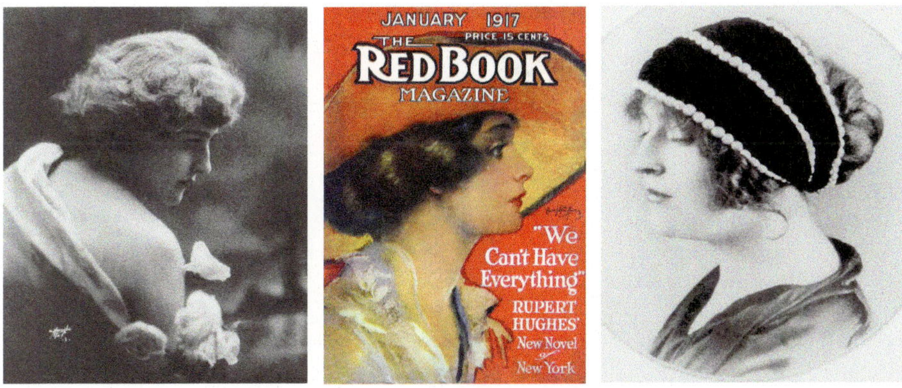

그림 37. 1910년대의 보브 스타일

당시에 머리를 자르는 것은 여전히 남성만이 누리는 권리였는데, 여성들이 남성의 전용구역이었던 이발소를 이용하는 것에 대해 분노했다. 몇몇 도시들에서는 여성들이 긴 줄을 서서 이발소의 바깥에 서 있고, 반면에 안에서는 많은 여성들이 보브 스타일을 하기 위해 자기 차례를 기다리면서 바닥에 인내심을 가지고 앉아 있다는 보도와 뉴욕(New York)시에서는 매일 2천명의 머리가 커트 되고 있다는 보도가 있었다.

그림 38. 글로리아 스완슨

무성 영화의 스타들은 전쟁 후에 두드러지게 되었다. 따라서 수백만 명의 여성들이 그들의 언행뿐만 아니라 의상과 머리 모양과 화장법을 모방했으며, 팬(Pan) 잡지가 1911년 처음 창간되어 스타들의 미용법과 의상이 소개되기도 했다.

릴리안 기시는 작고 소녀적인 이미지와 성실하고 헌신적인 것을 추구하고 있었고, 한편으론 새로운 역할 모델이 인기를 끌게 되었는데, 바로 글로리아 스완슨(Gloria Swanson)이었다. 그녀는 천사와 악마의 이미지를 동시에 가진 여성을 기품 있게 연기해 찬사를 받았다(그림38).

여기에 테다 바라와 폴라 네그리와 같은 여배우들은 관능적인 매력을 발산하였고(그림39, 40), 메리 픽퍼드(Mary Pickford)는 부드럽고 예쁘게 컬로 정돈되었던 자신의 머리에 가르마를 타기 시작했다(그림41).

그림 39. 테다 바라

그림 40. 폴라 네그리

그림 41. 메리 픽퍼드

3 1920-1929년

1) 사회문화적 배경

1920년대는 사회 · 정치적으로 많은 변화를 보였으며, 특히 문화와 과학분야에 눈부신 진보가 있었다. 라디오가 가정에 보급되었고(1922), 린드버그(Lindberg)는 뉴욕, 파리 간의 무착륙 단독 비행으로 대서양을 횡단하는 놀라운 업적을 이룩했다. 자동차를 비롯한 다양한 운송수단들이 발전하면서 세계는 좁아졌으며, 일반 대중들의 활동반경은 넓어지는 동시에 생활양식에도 지대한 영향을 주었다. 여가 시간의 증가로 스포츠에 대한 관심이 급증했으며, 특히 여성들은 시간적인 여유와 여행을 즐길 수 있게 되었다. 이처럼 증가된 여성들의 사회활동은 여성의 지위향상이라는 사회문제로까지 발전 되었다.

1921년 미국에서 최초의 미스 아메리카가 선발되었고, 이것은 또한 미의 대회라는 새로운 유행을 낳았다. 1923년에 존 로버트 파워스(John Robert Powers)는 최초의 패션 모델 대회 행사를 창립하였고 이때부터 모델은 조금씩 선망의 되었다.

1925년 파리에서 성대하게 열린 국제장식미술박람회(Exposition Internationale des Arts Decoratifs et Inderstriels Mordernes)에는 18세기 복고풍의 영향을 많이 받은 매우 장식적인 아르 데코풍 제품이 완전히 미니멀한 작품과 함께 전시되었다. 이를 계기로 아르 데코(Art Deco)로 정의되는 새로운 예술양식과 패션이 출현하기도 하였다. 아르 데코 예술가들은 입체주의 원리에 입각해서 대상물을 표현하고 분해하며, 추상화(abstraction)나 유성형화(streamlining) 과정을 통해서 본질적인 요소로 응축시켜 기하학적으로 표현하였다. 색채면에서 야수주의적인 강렬하고 화려한 색조와 뚜렷한 색상 대비를 구사하였다. 기계 문명에 반발한 아르 누보 양식과는 달리 아르 데코 양식은 미래주의의 기계 문명 찬양 운동에 따라 기계와 결합시켜 단순성과 기능성을 추구한 것에 예술적 특징이 있다. 따라서 모더니즘의 부드러우면서도 각이 진 기하학적 선이 곧 패션과 텍스타일 디자인을 주도했다(그림1, 2, 3).

1927년에는 유성영화가 상영되었고, 예술, 극장, 음악 분야 또한 번창했다. 영화산업의 발전으로 미국의 헐리우드(Hollywood)가 국제적으로 관심을 끌었으며, 야간의 사교문화는 당시의 경제적인 압박감, 정치적인 불안과 실직의 중압감 등을 잠시나마 잊게 해 주었다. 이 시대에는 많은 사람들이 빠른 리듬의 재즈(jazz)와 탱고(tango)에 열광하였기에 재즈와 광란의 시대라 불리기도 하였다. 재즈는 미국에서는 혁명적인 것이었으며 유럽을

그림1. 아르 데코 양식의 실내

그림2. 아르 데코 양식의 램프

그림3. 아르 데코 양식의 꽃병

뒤흔들었다. 루이 암스트롱(Louis Amstrong)은 그의 첫 앨범을 발표했고, 특히 미국에서는 재즈와 함께 찰스톤 댄스(charleston dance)가 유행하여 이 시대의 대표적인 문화로 확산 되었다(그림4).

그림4. 찰스톤 댄스를 추는 남녀

전후 유럽은 미국에 우위성을 상실하고 미국이 세계 최강국으로 부상하게 되었다. 미국인들에게는 가난이란 것이 없어진 것 같았다. 벨(Bell)의 전화, 에디슨(Edison)의 전구, 포드(Ford)의 자동차는 이때 대중화되었다. 그러나 이러한 부는 일부층에 치중된 것이었다. 부를 축적한 부유층은 지나치게 투자를 해 주식이 급등했고, 가난한 서민들은 구매력이 떨어져 물건을 살 수 없게 되어 공장에 재고가 쌓이면서 1929년 10월 24일 주식시장 붕괴로 많은 백만장자들과 거대 국제 산업이 파산하면서 번창하는 1920년대는 마감했다.

2) 패 션

제1차 세계대전이 끝난 후 유럽 사회는 여성의 활발한 사회 진출로 의생활에 커다란 변화가 일어났다. 즉 직장에서 당시의 남성복을 그대로 착용하여 남성과 거의 구별되지 않

그림5. 플래퍼 룩(1928)

그림6. 플래퍼 룩(1928)

는 모습을 보였다. 유연한 곡선이 애호되었던 아르 누보의 미술양식은 직선적이고 기하학적이며 표면 장식이 강조되는 아르 데코로 전환되면서 새로운 양식의 패션을 창출하는데 기여하였다.

여성복은 인체의 곡선미를 부각시켰던 실루엣이나 곡선적인 문양 대신에 기능성과 실용성을 추구하는 사회적 요구에 따라 직선적이며 원통형인 의복과 기하학적인 패턴이 애용되었다.

여기에 여성들은 지위가 향상되고 경제적으로 독립하면서 자유로운 생활을 영위할 수 있게 됨으로써 플래퍼(flapper)라는 젊은 여성의 대명사가 생겨났는데, 이들은 자유연애를 즐기고 개성적이고 활동적인 것을 추구하여 보이쉬한 스타일의 복장을 하였고,(그림5, 6) 이들은 당시 신여성의 상징이었다.

1920년대 전반 패션은 전통적인 페미닌 스타일과 모던 스타일 두 종류가 주도했다. 전후의 패션은 로맨틱한 스타일과 정반대인 가르손느 룩(garconne look)이 주도했으며 젊고 소년 같은 스타일이었다. 이 스타일이 사춘기 이전의 체형을 요구함으로써 이상적인 체형에 대한 극적인 변화가 나타나면서 패션 화보에는 날씬한, 미끈한, 늘씬한 이라는 형용사가 넘쳐났다. 이렇듯 1923년 이후 전후 패션이 이상으로 하는 타입은 성숙한 여성의 특징을 가지지 않은 여학생상이었다. 따라서 허리를 조르지 않고 가슴을 될 수 있는 대로 눈에 띄지 않게 하였으며 엉덩이도 강조시키지 않았다(그림7, 8, 9). 1920년대에 여성이 코르셋을 버린 것은 패션 역사에서 신화로 기록될 사건이었다.

헤어스타일도 중성적인 모양이 유행했다. 당시 짧은 머리에는 클로슈(cloche)모자가 필수적이었다. 보통 펠트로 만든 종 모양 클로슈 모자를 머리에 꼭 맞게 눈썹까지 푹 눌러 썼다(그림10, 11, 12).

원래 슬라이드 패스너(slider fastener)로 알려진 지퍼(zipper)는 1890년대에 발명되었지만 1923년 지퍼로 특허를 받았다.

그림7. 1920년대의 속옷

그림8. 가르손느 룩

그림9. 가르손느 룩

그림10. 클로슈 햇(1920)

그림11. 클로슈 햇(1927)

그림12. 클로슈 햇(1928)

가브리엘 샤넬(Gabrielle Chanel)과 장 파투(Jean Patou)가 가르손느 룩을 선도했으며, 특히 샤넬은 자신이 만든 의상을 스스로 입고 다녀 언론의 관심을 끌었으며 뿐만 아니라 스웨터를 팔에 끼지 않은 상태로 어깨에 걸쳐 입는 방법을 선보여 유행의 첨단을 몸소 실행했다(그림13). 오늘날 클래식이라고 불리는 샤넬 스타일의 원형은 1920년대에 만들어진 것이다. 제1차 세계대전 후 사회의 변화를 민감하게 포착하고 검정과 베이지를 기초로 단순성을 강조한 디자인을 발표했다. 간단하고 입기 편한 옷을 기초로 하는 디자인으로 코르셋 등 답답한 속옷이나 장식성이 많은 옷으로부터 여성을 해방하는 실마리를 만들었으며 여성복에 저지라는 소재를 처음으로 사용하였다.

본격적인 20세기 미학을 반영한 혁신적인 패션의 대중적인 보급이 샤넬을 통해 이루어

그림 13. 샤넬의 모습

그림14. 샤넬의 검정 드레스(1926)

졌으며, 심플하고 개성적인 라인과 함께 당시 가장 영향력 있는 디자이너였다. 1926년 전설적인 작은 검정 드레스(little black dress)를 선보이면서 샤넬은 검은색이 우아하고 유혹적인 색상임을 입증함으로써 검은색의 유행을 주도했다(그림14).

이 시기 전문 모델들은 보통 한 의상실에 소속되어 있었으며, 모델의 이름은 알려지지 않았다. 반면 아름다운 사교계의 여성이나 영화배우, 연극배우가 패션 잡지에 화려하게 등장했으며 때로는 그들이 입고 있는 의상을 만든 디자이너가 더 주목을 받았다.

특히 영화는 스타일을 주도하는 매체가 되었다. 영화배우들의 극적인 외모를 일상생활에 적용하기에는 다소 적합하지 않았지만 관객들은 테다 바라, 폴라 네그리, 클라라 보우(Clara Bow)같은 무성영화에 출연하는 배우들에게 매료되었다. 1927년 소리가 삽입되자 영화는 더욱 사실적인 방향으로 나아갔다. 존 크로퍼드(Joan Crawford), 루이즈 브룩스(Louise Brooks), 글로리아 스완슨 같은 스타가 1920년대 인기 플래퍼로 등장하면서, 수백만 명의 여성들이 그들의 언행뿐만 아니라 의상과 머리모양, 화장법을 모방했다.

그림 15. 1920년대 화장대 앞의 두 여인

3) 메이크업

제1차 세계대전 후 모든 여성들은 화장을 하는 것이 당연하게 되었고, 화장품은 공공연하게 사용되었다. 그리고 화장은 진하게 하는 것을 선호하지 않았지만 마음을 비추는 거울로서 대다수의 관심은 얼굴에 모아졌다.

1920년대는 얼굴을 강조하는 화장중심으로 바뀌면서 전보다 훨씬 많은 화장품을 사용하게 되었으며, 유행을 따르는 젊은 여성은 눈썹을 뽑아 아치 모양으로 만들었고, 눈은 콜로 진하게 칠해 강조했고, 입술도 짙게 칠했다(그림16).

그림16. 둥근 아치형 눈썹과 장미 봉오리 같은 입술

여성들은 일찍이 공공장소에서 공개적으로 립스틱을 바르거나 화장을 한다는 것은 생각할 수 없었지만 점차 미용산업이 활성화 되면서 여성들은 패셔너블한 것을 요구하게 되었다.

그림17. 1920년대 화장스타일

따라서 여성들은 우유와 같이 흰 피부와 핑크색 볼을 더 이상 원하지 않게 되었고, 그녀들이 원하는 새로운 이상형은 햇볕에 그을린 피부였다. 눈썹은 가늘게 밀고, 아이브로우 펜슬로 아치형으로 만들었다. 입술의 형은 립스틱으로 바꾸었고, 립스틱의 색상은 보라색에서 붉은색에 이르기까지 여러 가지의 색이 사용되었다(그림17). 입술을 아주 선명하고 반짝이는 붉은 색으로 진하게 강조하였는데 이를 가리켜 큐피트의 활(cupid' s bow), 장미 봉오리(rose bud), 벌에 쏘인 듯한 뾰로통한 입술(divine bee strung lips) 등으로 칭하였다(그림18). 이러한 뚜렷한 화장은 당시 새롭게 등장한 여성들에 의해 먼저 주도되었다.

그림18. 1920년대 입술화장

플래퍼 혹은 가르손느라는 명칭을 가진 이들은 20년대의 새로운 삶에 대한 흥분과 자유로운 생명력을 대변하였다. 이 시대 유행 선도자의 모습은 코르셋을 제거하여 더욱 기능적이고 단순화 된 짧아진 치마와 가슴을 강조하지 않는 모습과 선명한 화장으로 작고 둥근 얼굴, 뾰족 내민 입술, 둥근 눈에 오똑한 코를 강조하였고, 소년과 같이 짧게 자른 단발머리를 특징으로 하였다.

1920년대는 영화가 대중 오락문화의 역할을 하기 시작하면서 대중스타들이 본격적으로 등장하기 시작한 때 이기도 하다. 이 시대에는 젊고 새로운 것에 대한 강조와 과시가 두드러지게 나타났으며, 이러한 경향은 메이크업과 패션에도 반영되어 사회적 분위기로 나타나 일반인들의 추종을 받을 만큼 이들의 영향력은 막강했다.

그림19. 글로리아 스완슨의 애교점

1920년대의 대표적인 영화배우로는 클라라 보우, 글로리아 스완슨을 들 수 있는데, 클라라 보우는 창백한 얼굴, 헝클어진 곱슬머리, 헤어밴드 아래로 검게 화장한 게슴츠레한 눈, 그리고 빨간 앵두 입술로 성적매력을 발산했다. 글로리아 스완슨은 영화에서 세련된 도시 여성의 역할을 하면서 초생달 처럼 굽은 눈썹, 깨끗하고 섬세한 윤곽이 뚜렷한 입술, 완벽한 아이메이크업, 깃털 같은 속눈썹을 달았고, 특히 볼에 찍은 애교점은 선풍적인 인기를 끌어 그녀를 대표하는 것이 되었다(그림19).

헐리우드의 대표적 플래퍼 스타일 여배우는 조세핀 베이커, 클라라 보우, 콜렌 무어(Collen Moore), 루이즈 브룩스, 글로리아 스완슨, 베를린 출신의 G 시스터(G sister)인 카를라(Carla)와 엘리노어(Eleanor)였다(그림20, 21, 22, 23, 24). 또, 당시 모델로서 유

그림20. 조세핀 베이커

그림21. 클라라 보우

그림22. 콜렌 무어

그림23. 루이즈 부룩스

그림24. 카를라와 엘리노어

명한 헤브(Hebe)는 20년대 영국의 이상적인 얼굴로 알려져 있는데 그녀는 부드러운 검은 머리와 아름다운 피부를 가지고 있었다. 그런 그녀가 여름의 태양으로 선탠 했을 때에는 상당한 매력을 발휘했었다고 전해진다.

일반 대중들의 선망의 대상이었던 스타들의 화장형태와 의상, 심지어는 행동이나 태도까지도 추종되고 모방되었다. 결론적으로 1920년대 여성의 이상적 미를 표현하는 보편적인 화장 형태는 인조 미인을 만드는 것이었다. 즉, 색깔을 대담하게 사용해서 자연스러운 화장이 아닌 인위적으로 다듬은 짙은 색깔로 그림 그리듯 만드는 화장이었다. 눈썹은 뽑아서 아주 가느다랗게 실낱같은 초생달 눈썹을 만들고 그 위에 다시 눈썹 연필로 그리고 아이섀도우는 비취색 또는 초록색이나 짙은 갈색이었다. 인조 속눈썹과 콜을 아이라이너로 사용했으며 루즈는 볼에 둥그렇게 발랐고, 입술 화장은 또렷하고 선명하게 강조시키고 작게 표현했다(그림25).

그림25. 1920년대의 대표적인 얼굴화장

1920년대 초에 립스틱은 대량 분포되기 시작했다. 아마 제1차 세계대전으로 인해 작업장에서의 유니폼 패션에 억압을 당했던 성 차이를 보여주고자 하는 욕망 때문이었을 것이다. 헤어스타일은 가르손느 스타일이었고, 겉모습은 앤드로지너스(androgynous)화가 되어갔다. 그러므로 립스틱으로 유일하게 성을 구별할 수 있었다(그림26). 1926년에는 잔느 랑방(Jeanne Lanvin)이 밝은 것과 어두운 것 두가지 버전의 립스틱을 런칭하기도 했다.

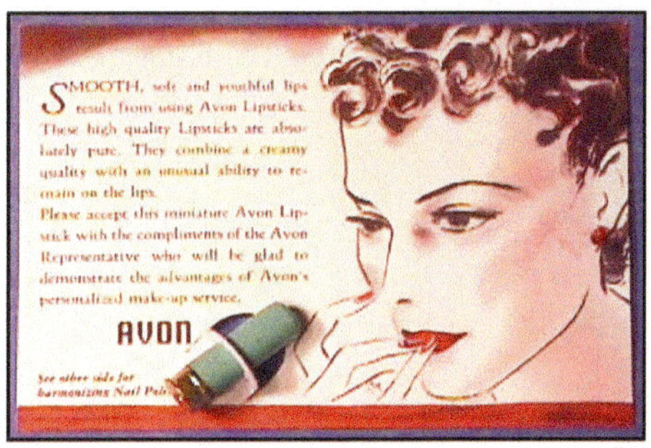

그림26. 에본 립스틱 광고

1920년대에는 눈썹을 아예 밀어버린 후 아주 가는 선으로 다시 그려 넣기도 했다. 한편, 1923년에 속눈썹을 컬하는 기구 컬래쉬(kurlash)가 발명되었고, 사용하기에 상당히 불편하여 완성되기까지 10분이나 필요하였고 5달러나 하는 가격이었지만 많은 사람들이 찾게 되었다(그림27).

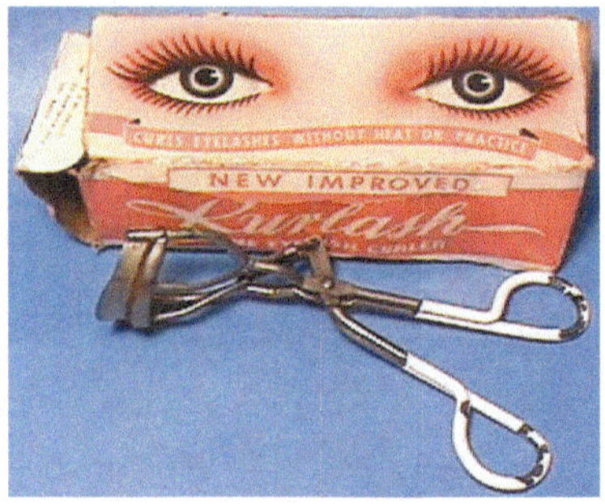

그림27. 컬래쉬

1921년에는 프랑스판 보그지가 성공적으로 판매되기 시작하였으며 다양한 패션과 더불어 메이크업 스타일을 보여주었다(그림28). 디자이너들은 점차로 향수처럼 이윤이 많은 사업 쪽으로 확장하는 등 사업을 다각화시켰으며, 푸아레는 전쟁 전부터 향수를 생산하기 시작했고, 샤넬은 디자이너로서는 최초로 향수병에 자신의 이름을 넣었다. 그 유명한 샤넬 No.5는 1921년에 만들어졌으며, 샤넬은 곡선적인 향수병이 유행하는 경향과 달리 약병 모양의 모던한 향수병을 직접 디자인했다(그림29).

그림28. 20년대 보그지

그림29. 푸아레 향수와 샤넬 No.5

1923년 뉴욕에 모델 전문공급 회사가 생기면서 모델은 프로 직업인으로서 여성들의 선망의 대상으로 인기있는 직업이 되었다. 화장품 업계의 여왕인 헬레나 루빈 스타인이 여배우 테다 바라의 분장을 맡아 뱀프 룩(vamp look)을 창안, 여자를 섹시 심볼로 상품화하는데 성공했다. 이로 인해 테다 바라는 풍만하고 육감적인 미모로 남성을 매혹시키는 글래머러스 스타(glamour star) 1호가 되었다. 테다 바라의 뱀프 룩은 작은 악마 같은 요염한 모습에 화장은 두껍고 입술은 크게, 머리는 자다 깬 듯이 헝클어진 스타일로 마치 창녀나 요부 같은 모습의 자극적인 섹시 스타일이었다(그림30).

뱀프 룩과는 정반대의 이미지를 풍겨주는 천진난만한형의 베이비 룩(baby look)도 헐

그림30. 테다 바라의 뱀프 룩

리웃에서 만들어졌는데 남자들이 사랑하고 싶은 마음이 솟아나도록 만드는 또 하나의 여인상이었다. 이 스타일은 마스크를 쓴 것처럼 하얗게 분칠한 얼굴에 원래 입술보다 작게 보이는 도톰한 앵두 같은 입술, 엷은 아이섀도우, 정교한 긴 인조 속눈썹을 붙인 여인의 모습이었다(그림31).

1920년대 중반 경에 이르면 유행을 좇아 앞서가는 여성들에 의해 자유롭게 화장품을 사용하게 됨으로 많은 여성들이 얼굴에 파우더를 바르고 눈가에 검정색의 라인을 그렸으며 눈꺼풀에도 검은색의 음영을 주었다. 눈썹은 가늘게 다듬거나 연필로 정교하게 그렸는데 이러한 눈썹을 이전까지의 자연스러운 얼굴에

그림31. 베이비 룩

서 가장 두드러진 변화로서 화장한 얼굴을 더욱 낯설고 눈에 띄어 보이게 하였다(그림32).

1925년 미국 여성들은 화장품과 미용에 연간 10억 달러 가까이 소비했다. 콜드 크림이 미용실의 베스트셀러 제품이었고 그 다음으로 비누, 향수, 브루넷의 휴대용 파우더였다. 화장대 위와 욕실에

그림32. 1920년대 중반의 화장

는 페이스 파우더, 개어서 사용하는 연지, 연지가루, 립스틱, 화장수, 배니싱 크림, 피부조직을 만드는 크림, 마사지크림, 스킨 로션, 눈썹 펜슬, 수검제, 탈모제, 더스팅 파우더, 향분, 샴푸, 입욕제, 진흙 팩까지도 갖추어져 있었다.

그림33. 폰즈 콜드 크림 광고

이때 폰즈에서 콜드 크림(pond' s cold cream)이 출시되어 거칠어지고 건조한 피부에 적합하다고 광고를 했으며 사람들로부터 아주 많은 사랑을 받았다(그림 33).

리디아 로얼리(Lydia O' Leary)는 자신의 추한 멍을 감추기 위해 고안한 화장품을 완성시켜 시장에 팔았는데, 본래는 짙은 액체였지만 후에 기름기가 없는 크림으로 만들어졌고 이러한 커버마크(covermark)에는 다양한 얼굴의 결점을 충분히 커버할 수 있었다(그림34).

그림34. 리다아 로얼리

엘리자베스 아덴은 방수(waterproof) 마스카라를 개발하여 화장품의 진보를 가져왔다. 또한 아덴의 최고 경쟁자인 헬레나 루빈스타인도 방수 마스카라를 발명했다고 주장했다. 그것이 누구이던지 간에 화장품업계의 두 거장 사이의 경쟁이 미용 산업의 발전에 공헌했다는 것은 의심할 여지가 없었다. 헬레나 루빈스타인은 여배우 테다 바라를 위하여 마스카라를 고안하였고, 속눈썹에 칠한 마스카라는 이전의 제품에 비해 흘러내리지 않았다(그림35). 테다 바라는 눈 가장자리를 검게 하고 두꺼운 눈꺼풀과 하얀 얼굴과 빨간 입술로 영국과 미국의 스크린에 등장하였으며, 더 놀라운 것은 그녀가 처음으로 발톱에 매니큐어를 칠한 것이다.

그림35. 마스카라를 칠한 테다 바라

이 두 사람에 뒤지지 않고 따라 갈 수 있었던 유일한 사람이 러시아 황제(Czar)의 극장에서 최초 메이크업 아티스트로 일했던 폴란드인 맥스 팩터(max factor)였다. 1904년 헐리우드로 피신한 맥스 팩터는 글로리아 스완슨, 폴라 네그리, 존 크로퍼드와 같은 스크린 배우들의 이미지를 창조하는데 도움을 주었으며, 오래지 않아 그는 전 세계에 스타들의 메이크업을 판매하고 있었다.

그림36. 글라조 매니큐어

글라조(glazo)와 연계해 매니큐어에 평생을 바친 미스 로잘린 던(Miss Rosaline Dunn)은 그 당시 파리에서 매니큐어가 만들어졌다는 소문을 듣고 전부 시험해 보았고, 벗겨지거나 군데군데 광택이 사라지는 것, 너무 두드러져서 손톱 색으로는 부자연스런 것을 발견하였다. 이를 계기로 그녀는 매니큐어 연구에 전념하게 되었다고 한다. 매니큐어도 종종 미용에 필요하게 되었는데 보그지에 따르면 유명한 미국 여성이 파리에 도착하자 우선 맨 먼저 해야 할 하나는 마담 밀(Madame Mille)의 가게에 매니큐어 예약을 하는 것이었다. 마담 밀의 질 좋은 매니큐어의 에조틱한 색상으로 섬세하게 표현 된 손톱은 그녀를 더욱 유명하게 만들었다(그림36).

그림37. 1926년도 화장법

선셋 매거진(Sunset Magazine)에서 마리 드 플뢰르(Marise de Fleur)는 1926년 이상적인 화장법을 교묘하게 묘사했다. 우선 화장은 얼굴 부분에 액센트를 주는 개성 있는 특징을 살짝 강조하는 것이라고 지적했다. 색을 짙게 한 긴 속눈썹은 눈을 그윽하게 하고 음영을 만들고, 흰 얼굴에 생기를 주는 입술은 다른 색을 필요로 하지 않는다. 무도회의 화려함을 내기 위해 어울리는 색의 볼연지나 파우더를 사용하였지만, 지금은 다양한 피부에 맞는 색이 있어 TPO에 맞출 수 있다고 저술하기도 했다(그림37).

1927년 초 로즈 펠드(Rose Feld)는 콜리어스에 최신 화장에 대해 보고했다(그림38). 여기서 그는 짙은 화장의 시대에서 훨씬 섬세하고 자연스런 방향으로 향하고 있다고 하였고, 선명한 핑크와 단조로운 노란색이 사라지고 대신에 차분한 살색이 판매되고 있다. 2~3년 전에는 두드러진 녹색의 파우더를 사용하는 것이 스마트하고 이국적이라고 간주되었다. 그래서 여성들은 녹색이 얼굴을 여위고 발랄하게 보이게끔 한다고 믿었다. 여배우 나지모바(Nazimova)(그림39)가 녹색 파우더를 사용

그림38. 콜리어스 잡지(1927)

그림39. 나지모바

했다는 소문이 퍼진 후, 수 백 만개의 녹색 파우더를 레스토랑이나 무도회장에서 볼 수 있었다. 필드에 따르면 보수적인 여성은 아직 밝은 색의 립스틱을 사용하고 마스카라와 아이브로우 펜슬은 일반적으로 밤에 이용했다. 게다가 무지한 독자를 위해 아이섀도우라는 것은 눈동자나 눈의 움푹한 곳에 수수한 빛을 내기 위한 짙은 색의 혼합물로, 그것을 사용하는 여성은 점차 비웃음을 받게 되고 있다고 단호하게 기록했다.

1928년에는 여전히 밝은 피부색이 바람직하다고 간주되어 보그지의 광고에는 미백 크림을 3일간 사용하면 피부를 4단계나 밝게 해준다고 되어있었다.

대부분의 여성에게 있어 파우더는 여전히 가장 중요한 화장품으로, 특히 볼연지나 립스틱에 대해 망설이는 듯한 여성에게는 특히 중요한 것이었다. 이런 보수적인 여성이나 화려한 빨강에 싫증이 난, 섬세한 색을 원하는 여성들은 헬레나 루빈스타인의 핑크색 파우더를 아이보리색의 파우더와 함께 사용하여 담홍색으로 만들어서 사용하였다.

1920년대에는 여러 가지 과학적 발명의 덕택으로 화학 산업이 엄청나게 확장되었다. 관련 업계에서는 다양한 오일, 크림, 로션 등이 개발되기 시작하였고, 보다 편안한 메이크업 제품에 관심을 갖게 되면서 튜브타입 립스틱과 입술 화장이 이 시대 여성들에게 매우 각광을 받았다. 20세기에는 화장품의 재료 면에서 볼 때 유행이 전보다 빠르고 대조적으로 변천되어 왔다.

당시, 가장 평판이 좋은 브랜드 중의 하나가 탠지(tangee)였다. 탠지의 립스틱과 볼연지는 밝은 오렌지의 한 색상만으로 이것은 피부에 바르면 짙은 산호색으로 바뀌었다. 립스틱과 개어서 사용하는 연지와 고형의 연지 외에 탠지는 데이 크림과 나이트 크림, 파우더를 제조했다(그림40).

그림40. 탠지의 화장품들

그림41. 샤말 텔컴파우더

그림42. 파우더 용기 (도로시 그레이)

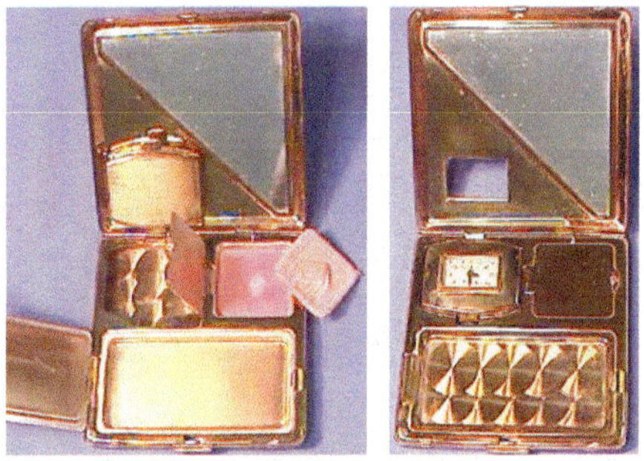

그림43. 금도금으로 장식한 콤팩트 용기

그림44. 금으로 도금한 망이 달린 콤팩트 용기

화장품에 대한 관심이 높아짐에 따라 용기의 개량이 필요하게 되었다. 이에 따라 휴대할 수 있을 정도의 소형의 파우더 케이스, 루즈와 파우더, 거기에 립스틱까지 들어있는 콤팩트, 고급스런 향수병 등의 개량된 용기는 고객들에게 인기가 있었다(그림41, 42, 43, 44). 그렇지만 상류층 고객을 위해서는 거울과 파우더, 퍼프가 있는 금도금을 한 콤팩트와 루즈가 들어있는 소형 콤팩트 용기는 장식품으로 가격도 비쌌다. 또한 휴대용 파우더의 보급으로 사람들 앞에서 시종일관 화장을 고친 결과 드레스나 코트에 파우더가 묻어나는 것은 아주 흔히 볼 수 있었다. 다양한 피부색에 맞는 많은 색의 파우더가 판매되었지만 페이스 파우더로는 피치 앤 크림(peaches and cream)으로 불린 갈색과 장미색을 섞은 것이 가장 많이 사용된 색이고, 검은 피부와 모든 피부에도 무난하게 사용되기도 했었다.

폼피안 화장품 회사는 연지를 잘 사용하는 것은 눈에 광채를 주고 얼굴 전체를 생기있게 한다고 하기도 하였다. 폼피안 블룸(pompeian bloom)에는 새로운 오렌지색과 같이 로즈색에 밝은 색, 중간색, 어두운 색의 3종류가 있는데, 중간색은 일반 미국 여성들에게 가장 어울리는 색이었으며, 많은 여성들이 새로운 오렌지색이 피부색에 특히 어울린다는 것을 알아 평소에는 중간색을 사용하는 여성이라도 한 여름에는 오렌지색을 선호하였다(그림45).

1929년 조사에 의하면 뉴잉글랜드가 화장에 대해 가장 보수적인 지방이라는 사실이 밝

그림45. 폼피안 블룸의 연지와 화장품 용기

혀져, 보다 자연스럽다는 이유로 크림상태나 액체의 볼연지를 선호하고, 탠지 처럼 연한 색이지만 바르면 색이 바뀌는 립스틱에는 특히 저항감을 가졌다. 남부 여성들은 대부분 볼연지를 사용하는데, 태양광선이 가장 심해 피부가 검은 남 캘리포니아를 제외하고는 가장 밝은 색의 파우더를 사용했다. 상류층 여성에게는 립스틱이 적어도 두 개(낮과 밤용), 파우더가 네가지색(낮으로 두가지색, 밤으로 두가지색)이 필요했다. 중년 여성들은 오클로즈(ochre rose) 와 갈색의 항상 두 가지 색상의 파우더를 사용했으며, 밝은 색의 파우더는 남성들 사이에 널리 퍼졌다고 한다. 이들은 가까운 여성들로부터 빌려 사용했으므로 직접 가게에 가서 구입해야하는 불편함이나 수치감을 느끼지 않고 구할 수 있었다.

1929년에는 갑자기 선탠 룩의 유행으로 판매가 급상승해져 미국에는 인스턴트 선탠제를 발매 10일만에 20만개를 팔기도 했다. 선탠 룩은 처음에는 할리우드와 뉴욕에서 행해졌지만 다른 나라에서도 곧 따라하게 되었다.

햇빛에 그을린 색이 유행함과 동시에 볼연지 사용이 어느 정도 감소해, 색도 오렌지계로 이동했다. 핑크와 흰 파우더는 사실상 모습을 감추었고, 화장의 색을 의상에 맞게 하는 경향이 강해지면서, 화장품 판매는 대폭적으로 늘어났다. 여기에도 역시 낮과 밤의 색이 있었으며, 밤의 색은 일반적으로 밝게 빛난다. 이전에는 푸른색의 아이섀도우나 마스카라는 눈동자를 보다 푸르게 하기위해 사용되었지만, 이때부터 눈화장도 의상의 색에 맞추기 시작했다. 한편 여성들은 남의 시선을 의식하지 않고 공개적으로 화장을 하기 시작했다(그림46).

그림46. 공원 벤치에 앉아 화장 하는 여성들

4) 헤 어

1920년대의 헤어스타일은 어떤 다른 시대보다도 미국 문화에 많은 논쟁을 일으켰다. 단순히 보브로 알려진 헤어스타일이 이 거대한 논쟁의 중심이 되어 여성들이 그들의 헤어를 가꾸는 방식에 있어서 커다란 개혁을 일으켰다고 할 수 있다.

특히 여배우 루이즈 브룩스는 중국소녀처럼 앞머리를 가지런히 잘라 이국적인 매력을 발산하기도 했다.

1920년대 초에는 여전히 많은 여성들이 긴 머리를 하고 있었고, 1910년대의 짧은 단발머리는 1920년대 중반에 들어서서는 더 짧은 머리의 형태로 앞머리 보다 뒤를 더 짧게 한 스타일이 선호되었다. 미국에서는 젊고 중성적인 모양의 보이쉬 보브(boish bob)가 유행하였는데, 이것은 지금의 단발과 쇼트의 형태이다(그림47).

그림47. 보이쉬 보브 스타일, 콜렌 무어와 루이즈 브룩스

20년대의 쇼트 헤어는 더치 커트(dutch cut)로부터 시작되었다. 더치 커트라하는 것은 문자 그대로 네덜란드 풍의 의미지만, 아이론 퍼머넌트 웨이브를 스트레이트로 한 머리로 귀에 닿도록 커트한 것이다. 그리고 앙뜨와느(antoine) 보브도 있는데 이 스타일은 머리길이는 전체적으로 짧으나, 뒤쪽에 컬을 약간 하고, 짧은 머리 양측에도 컬을 준 것으로, 폴란드 태생의 파리미용사 앙뜨와느가 1925년경에 창작한 보브 스타일이다(그림48).

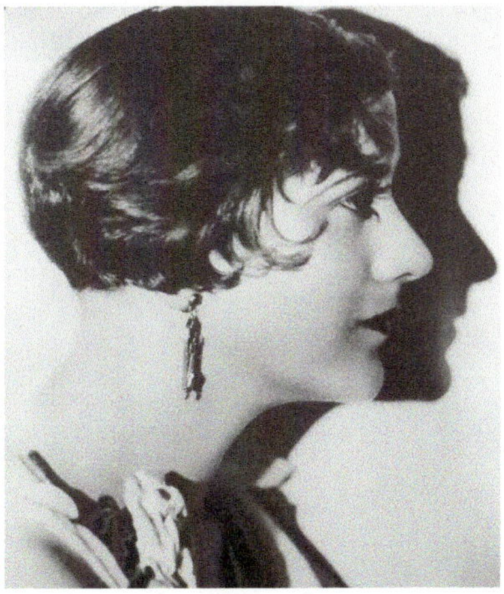

그림48. 앙뜨와느 보브 스타일

이처럼 쇼트 보브가 유행하면서 여성과 미용사들이 반대하기 시작했다. 미용사는 중간정도의 길이로

그림49. 클라라 보우와 콜렌 무어의 헤어 밴드장식

아름답게 웨이브를 준 스타일을 지지했다. 또한 보브풍의 가발이 만들어져, 중년여성들한테 인기가 많았다. 그리고 보브와 싱글(shingle, 지붕의 경사처럼 위로 차차 짧게 깎은 머리 형태)헤어 스타일에 윤을 내기 위해 머릿기름을 사용하기도 했다. 긴 머리는 틀어올렸고, 저녁 행사에는 장식이 달린 둥근 모양의 스페인풍 빗 같은 머리 장신구로 치장했다. 그리고 앞머리를 웨이브로 하거나 밴드로 장식을 하는 것이 유행했다(그림49). 현대화 된 모습을 원하는 여성들은 앞머리를 짧게 자른 다음 그것이 익숙해지면 그 다음 단계로 뒷

그림50. 보브 스타일과 클로슈 모자

그림51. 이튼 크롭과 짧은 단발머리

머리를 잘랐다. 당시 짧은 머리에는 클로슈 모자가 필수적이었다(그림50).

1926년에는 짧은 머리 모양이 일반화되었고, 매우 대담한 여성들은 이튼 크롭(Eaton crop)이라는 남학생의 헤어스타일을 했다(그림51).

또 보브의 유행과 함께 보비 핀(Bobbie Pin)이 발명되었는데 얇은 와이어로 만든 헤어핀이었다(그림52).

퍼머넌트 웨이브도 이 시대에 완성되었는데, 19세기 말에 마샬 그라트에 의해 창안된 마샬 웨이브가 일반적으로 행해졌다(그림53, 54, 55).

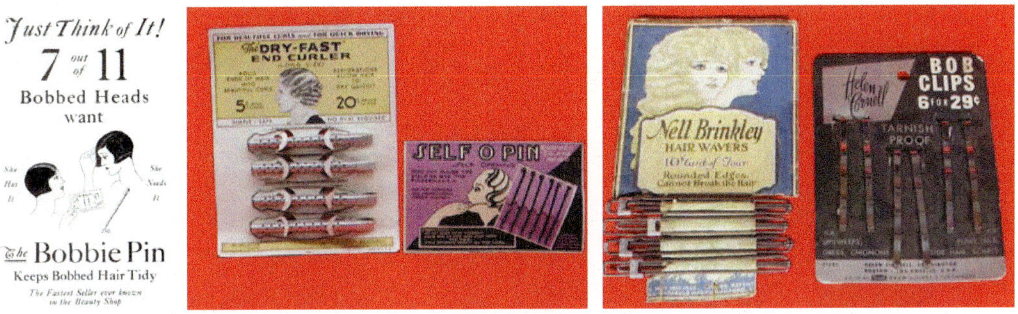

그림52. 보비 핀

그림53. 마샬의 모습

그림54. 마샬 웨이브

그림55. 1920년대 마샬 웨이브를 만드는 과정과 완성된 모습

이와 같은 머리 형태는 당시의 첨단을 달리는 사람들에 의해 활발하게 행하여졌으며(그림56), 한편으로는 이 쇼트 커트 형태의 머리는 남녀평등에 대한 의지를 드러낸 것이기도 하였다. 이러한 머리형에 대한 가정적, 사회적, 종교적 압력이 있었으나 많은 여성들이

이 머리를 하게 된 것은 그만큼 여성들의 힘이 커졌다는 것을 의미한다. 또한 과학과 기술의 발전으로 단순함과 기능성을 중시한 기능주의와 1920년대 유행했던 재즈댄스의 붐도 쇼트 커트의 유행에 한 몫을 했다.

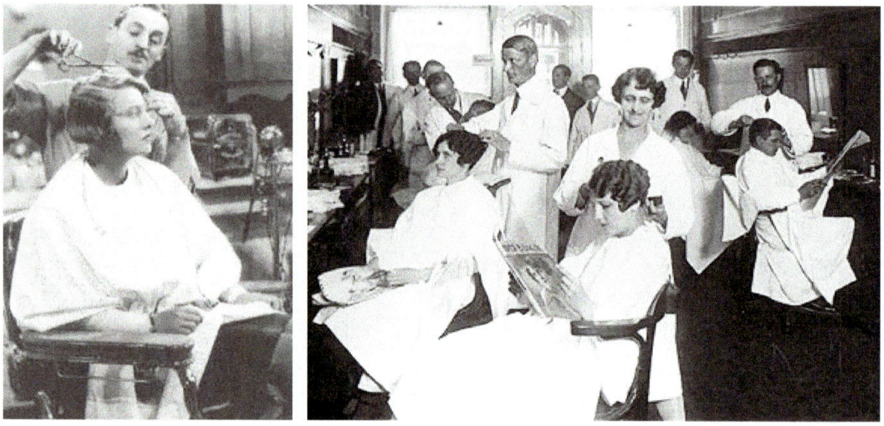

그림56. 1920년대 미용실의 모습

4 1930-1939년

1) 사회문화적 배경

1930년대는 대공황으로 시작하여 전쟁으로 끝난 시대이다. 세계경제 사상 유래 없는 대공황은 미국, 영국, 프랑스, 독일을 필두로 한 유럽 자본주의 국가, 폴란드를 비롯한 동구국가, 일본 등 아시아국가, 그 외의 후진국들을 망라한 전 세계에 영향을 미쳤다. 실업자가 거리에 넘쳤고 제1차 세계대전 종결 후에 세계를 휩쓴 혁명에 이어 대규모 노동운동이 일어났다. 미국에서는 산업 여성을 가정으로 되돌려 보내려는 기운이 일어났고 이로써 여성에게 여성다움을 요구하는 태도가 생기기 시작했다.

경제 불황은 패션산업에도 막대한 영향을 미쳤다. 패션의 중심지였던 파리의 의류업계는 미국의 새로운 관세법의 장벽으로 수출 또한 격감했다.

빈곤한 실제 생활과는 대조적으로 영화는 역사상 가장 풍요로운 시대였으며, 사람들은 환상의 세계를 보여주는 영화를 통해 어려운 현실에서 벗어나고자 했다. 미국작가인 마가렛 미첼(Margaret Mitchell)의 소설 바람과 함께 사라지다는 1939년 노벨문학상을 받았으며, 3년 뒤에는 영화화하여 많은 호응을 얻었다. 당시 영화계의 여왕으로 군림했던 배우로는 마를린 디트리히(Marlene Dihitrich)와 그레타 가르보(Greta Garbo)가 있었으며 아동배우 셔리 템플(Shirley Temple)도 스타로 인기를 누렸고 영화산업의 발전은 기성복과 화장품 산업의 발달을 가져왔다.

미술분야에서의 초현실주의(Surrealism)양식은 패션에 많은 영향을 주었다. 초현실주의는 인간정신의 심층에 묻혀있는 무의식을 표출시킴으로써 이성이나 고정된 관념으로부터 해방되고 진정한 자유를 얻게 된다고 보았으며, 초현실주의는 기본 개념을 꿈의 무한

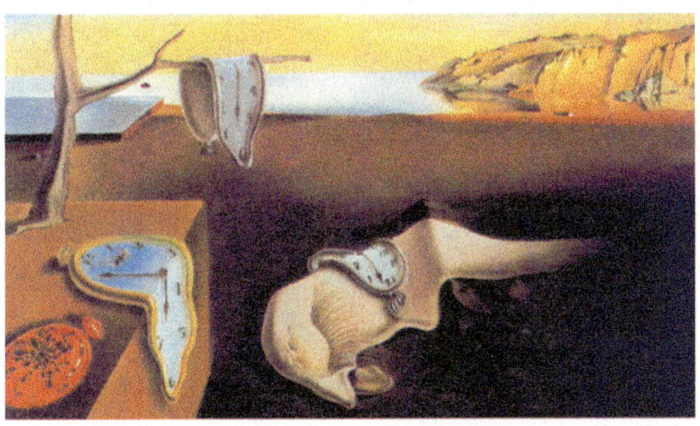

그림1. 달리의 기억의 고집(1931)

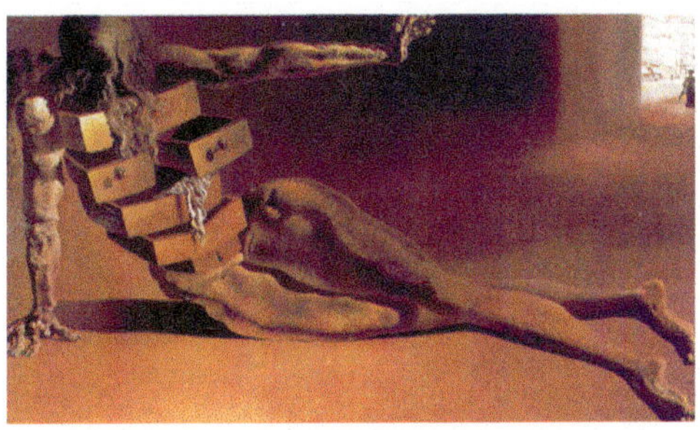

그림2. 달리의 서랍이 달린 인체(1936)

한 힘, 무관심, 사고(思考)의 작용 등에 잠재해 있는 억제된 연상의 실재성에 두고 있었다(그림1, 2).

초현실주의 화가인 살바도르 달리(Salvador Dali)와 크리스티앙 베라르(Christian Berard)등은 엘자 스키아파렐리(Elsa Schiaparelli)와 공동 작업을 하며 패션계와 많은 교류를 가졌다.

1939년 독일이 폴란드를 침략함으로써 제2차 세계대전이 시작되었고 모든 문화가 거의 정지 상태가 되었다.

2) 패 션

1920년대의 패션이 젊고 발랄하며, 자유분방하다면 1930년대 패션은 성숙하고 우아하며 여성적인 특징을 보인다. 이는 불황으로 수많은 실업자가 생겼으며 활발했던 여성의 사회 진출과 경제활동의 기회가 막혀버리자 여성들이 전통적인 역할로 복귀하면서 패션 또한 복고풍을 보였다.

1930년대 패션계에서는 자수처럼 값비싸고 많은 노동력을 필요로 하는 장식기술을 포기하게 되었다. 또한 수요가 감소하고 의상실들이 축소되면서 수많은 드레스 제작자, 테일러, 봉제공, 자수 기술자와 액세서리 기술자들이 해고 되었다.

미국은 사이즈를 표준화한 의복의 대량생산 분야에서 세계를 주도했으며, 1937년 윌리스 심프슨(Wallis Simpson)이 윈저 공(Duke of Winsor, Edward Ⅷ)과의 결혼식(그림3)에 입을 드레스를 파리에서 활동하던 미국인 디자이너 메인보처(Mainbocher)에게 주문하면서 미국 패션은 활기를 띠기 시작했다.

그림3. 윈저공과 심프슨부인

1930년경 여성복 디자이너들은 1920년대의 긴 말괄량이 스타일을 버리고 여성의 굴곡을 살리는 부드럽고 입체감이 있는 의상을 선택했다. 허리 부분을 약간 불룩하게 만든 보디스에 벨트를 매어 허리를 강조했으며, 허리선은 자연스런 위치로 원상 복귀했다. 단조로운 다용도 의상에는 액세서리가 패션성을 가미했다. 야외용 의복에는 여전히 모자를 함께 착용했는데 베레모, 삼각모, 필박스 모자

(pillbox hat)등 다양한 스타일이 있었다.

미국은 뉴욕 패션 산업뿐만 아니라 헐리우드 영화의 특성을 이용해 1930년대 패션에 막대한 영향을 미쳤다. 1930년대 가장 유명한 영화의상이라면 존 크로퍼드를 위해 디자인한 러플 달린 소매의 흰색 이브닝 가운으로 크로퍼드의 넓은 어깨를 자연스럽게 강조하는 이 디자인이 어깨 패드의 유행을 가져왔다.

1930년대 후반 혁신적으로 초현실주의적 이미지를 수용한 스키아파렐리의 디자인은 그 누구의 것과도 견줄 수 없을 만큼 뛰어났다. 그녀는 상당히 우아하고 건축미가 흐르는 야외복을 만들었지만, 그녀의 창작은 늘 어떤 환상을 보여주는 것들이었다. 초현실주의는 스키아파렐리 의상에서 재단보다는 표면장식에 많은 영향을 주었는데 이것은 1930년대 전체 경향과 일치하고 있다(그림4). 화려한 색상을 사용하기를 좋아하였고 그 중에 그녀의 이름과 동일하게 취급되는 가장 유명한 색상은 쇼킹 핑크(shocking pink)였다(그림5). 1936년에 검은색 단독으로 혹은 검은색과 쇼킹 핑크 벨벳을 결합한 하이힐 코트 슈즈를 뒤집은 형태의 신발 모자(shoe hat)를 선 보였다(그림6). 스키아파렐리는 주제가 있는 컬렉션을 발표했던 최초의 디자이너로 평가되고 있다.

그림4. 스키아파렐리의 재킷(1937)

그림5. 초현실적 모티브 드레스(1937)

그림6. 신발 모자(1937)

여기에 마들렌 비요네(Madelene Vionnet)가 바이어스 재단을 개발, 솔기나 트임 없이 머리부터 의복을 입게 만들었다. 이는 몸에서 길게 늘어져 인체의 움직임을 강조한 드레스의 혁신으로 부드러운 실루엣을 되살렸다(그림7, 8).

그림7. 비요네의 바이어스 드레스(1931)

그림8. 비요네의 바이어스 드레스(1935)

그림 11. 아메리칸 걸 잡지 표지(1933)

3) 메이크업

1930년대의 화장은 20년대와는 다르게 변화된 새로운 이미지의 여성을 만들었는데 과거보다 더 진하고 숙련된 기술로서 성숙한 분위기를 연출하였고, 슬림하면서 페미닌한 조화와 균형의 개성미가 돋보이던 시대이다(그림12).

그림12. 1930년대 성숙한 분위기의 여성

제1차 세계대전 후에는 화장품 사용이 점차 일반화되었고, 화장은 마음을 반영하는 것으로 강하면서도 신비로운 분위기를 연출하는 화장법이 관심을 집중시키는 부분이 되었다.

파운데이션으로 완벽하게 덮은 얼굴에 눈의 윤곽선을 선명하고 더욱 기교적으로 그렸으며 작게 오므린 입술은 이제 유행에 뒤쳐진 형태가 되었고, 크게 그려진 입술이 얼굴의 강조점이 되었다. 지나치게 짙거나 어두운 메이크업은 인기가 없었으나 여성들은 우유빛이나 핑크색의 볼을 더 이상 선호하지 않았으며 새로운 이상형인 햇빛에 그을린 검은 피부를 원하였다.

눈썹은 가늘게 만들기 위해서 족집게로 뽑아주고 아이브로우 펜슬로 그려서 아치형으로 만들었으며(그림13, 14, 15), 입술형태는 연지를 사용해 입술의 모양을 새롭게 만들었다. 이러한 입술연지의 색상은 자색에서 적황색에 이르기까지 여러 색이 사용되었다.

1930년대의 대표적인 패션디자이너 샤넬은 이전과는 다른 새롭고도 파격적인 선탠의 유행을 만들었는데, 이것은 당시 지중해 연안에서 여름휴가를 즐길 수 있는 것은 상류층

그림13. 아치형의 눈썹

그림14. 메이크업 아티스트가 눈썹을 세련된 가는 선으로 손질하는 모습

그림15. 르네상스시대의 눈썹모양과 1930년대 아치형 눈썹

이었고 당연히 선탠은 상류층의 신분증으로 간주되었다. 또한 샤넬은 자신의 머리형에 어울리는 화장으로서 검게 칠한 눈과 선명하게 그린 입술, 동양풍의 아이섀도우를 발라 전체적으로 조화시켰으며, 손톱은 산호색으로 빨갛게 칠했다(그림16).

1931년 하퍼스 바자(Harper' s Bazaar)와 파리의 화장 경향을 보면, 핑크나 흰색의 파우더와 볼연지는 매우 엷고 자연스럽게 하고, 입술은 짙게, 눈 부분은 약간의 아이섀도우와 마스카라가를 강하게 칠해서 확실한 액센트를 주었다. 이러한 화장법은 30년대의 새로운 모자 디자인에 잘 어울렸으며, 여성들을 매혹적으로 만들어 주었다. 또한 이 화장법은 모든 곳에서 유행이 되기도 했다(그림17).

그림16. 샤넬의 모습

1932년 여성들은 여전히 볼연지와 립스틱을 사용했다. 미용담당기자들은 눈이 아찔할 정도로 변화무쌍한 새로운 빨강 즉 체리, 루비, 제라늄, 로즈베리, 블러시 핑크, 로즈 등의 다양한 빨간 색상이 있으므로 자신의 피부색과 패션에 어울리는 색상을 고르도록 여성들에게 주의를 주었다(그림18).

그림17. 파리의 화장법(1931)

그림18. 탠지의 붉은색 립스틱

1933년의 아이섀도우 색상은 파랑, 녹색, 보라, 갈색, 검정, 은색에 펄이 들어가 있고 마스카라는 액상과 고형 타입으로 검은색, 갈색, 파랑과 청록색도 있었다. 놀랄 정도로 긴 형태의 붙이는 속눈썹이나 자신의 속눈썹에 컬을 넣기도 했고, 눈썹은 원한다면 전문가에게 직접 가서 염

색을 받을 수도 있었다.

밤 전용 화장법으로 엘리자베스 아덴의 청록색 아이섀도우를 바르고, 속눈썹은 어두운 청색으로 하고, 아이라인 부분은 검게 칠하였다. 여기에 빅토리아의 크림타입 볼연지와 라일락의 분말이 든 푸른빛이 도는 붉은색의 립스틱이 사용되기도 했다.

크리스마스 시즌 보그에서는 고형타입의 볼연지, 페이스 파우더, 작은 립스틱이 든 리차드 허드닛(Richard Hudnut)의 갈색과 크림색의 에나멜을 사용한 화장케이스를 권하기도 했으며(그림19), 엘리자베스 아덴의 네일리스트들은 한번 바른 색 위에 다른 색을 겹쳐 바르는 테크닉도 선보였다.

그림19 . 리차드 허드닛의 다양한 파우더(드 배리, 트리 플라워)

특히 이 시대는 그 어떤 시기보다도 헐리우드의 영화에 등장하는 스타의 화장이 아름다움의 기준으로서 모든 계층의 사람들에게 까지 유행했다. 시네마 세이블(cinema sable)이라는 립 브러시의 브랜드는 보그지에 다음과 같은 내용의 광고를 게재했다. '당신의 입술과 매혹적인 영화스타의 입술과의 차이는, 당신이 전의 둥근 막대립스틱을 직접 사용한 것과 비교해, 저 스타는 립 브러시를 사용하고 있다는 점에 있습니다. 스타의 입술이 또렷이 선명한 윤곽선으로 깨끗하게 그려진 것도, 양질의 검은담비로 된 브러시와 색이 짙은 어떤 종류의 크림 칼라를 이용했기 때문입니다. 시네마 세이블은 자동적으로 연지가 나오는 립 브러시입니다. 사용하기 쉬우므로 그것을 사용하면 할리우드의 메이크업 아티스트의 기술로 당신의 입술에 스타의 입술을 그릴 수 있어 당신의 입술은 스크린에서 본 듯한 더할 나위 없이 완벽한 입술처럼 아름답게 된다는 것을 확신합니다.' 라며 영화스타처럼 되고 싶어 하는 여성들의 욕구를 자극했다.

1930년대 화장법은 그 어떤 시기보다도 헐리우드에 등장하는 배우들이 아름다움의 기준으로서 일반인들로부터 숭배를 받았다. 가장 주목을 받았던 대표적인 스타는 그레타 가르보였다. 그녀의 푹 들어간 눈과 가는 아치형의 눈썹, 툭 튀어 나온 광대뼈로 인해 생기는 음영의 모습은 신비로운 이상형으로 주목을 받기에 충분했다(그림20). 그 밖에 금발미

녀인 진 할로우(Jean Harlow)는 큐피트 인형 입술 모양과 가는 곡선의 눈썹으로 영화계의 여신으로 불리기도 했다(그림21). 마를린 디트리히는 눈썹을 너무 많이 뽑아 메이크업 아티스트들이 눈썹을 다시 기르라고 할 정도로 가늘고 정교하게 다듬었고(그림22, 23), 존 크로퍼드는 나비 형태의 뚜렷하고 과감한 입술화장과 1930년대 중반부터는 이목구비를 점점 더 크게 강조했다(그림24).

데아나 더빈(Deanna Durbin)또한 입술을 선명하고 빨갛게 표현하였다(그림25). 이로 인해 헐리우드의 메이크업 아티스트들은 색조화장을 하게 되었고, 광택이 있는 입술 표현

그림20. 그레타 가르보

그림21. 진 할로우

그림22. 마를린 디트리히

그림23. 마를린 디트리히

그림24. 존 크로퍼드

도 헐리우드의 영향이었다.

1939년 테크니 칼라(techni color)라는 칼라 영화기법을 본격적으로 사용한 비비안 리(Vivien Leigh)주연의 바람과 함께 사라지다 에서 그녀는 눈썹을 가느다랗고 확실하게 그렸으며, 입술은 확실하게 빨갛게 발랐다(그림26). 특히 새틴 느낌의 립스틱이 파리에서 제조에 성공했으며, 화장과 함께 입안의 냄새를 없애는 캔디가 사용되었다.

그림25. 데아나 더빈

그림26. 비비안 리

1930년대 중엽이 되자 화장품은 더 이상 무계획적으로 만들어지는 경우는 없어졌고, 적어도 유명한 회사에서는 철저한 테스트 없이는 신제품을 판매하지 않았다. 선탠용 크림과 로션은 여성들의 등 쪽에서 자외선을 비춰 패치테스트하기도 하고, 페이스크림은 오븐이나 냉장고에 넣어 장시간 동안 더운 곳이나 추운 곳에 방치해 성분이 분리되거나 결정(結晶)되지 않는지 또는 몇 개월이나 몇 년이 지났을 때 냄새가 변하는지 등 제품의 안정성도 확실히 했다.

그림27. 제르망 몽틸

실험실에서 모든 테스트에 합격한 제품들은 샘플로 제작해서 회사의 여종업원들에게 주었으며, 동시에 판매할 수 있을지를 보기 위해 특정 가게에서 시범적으로 판매해 본 후에, 가격을 책정해서 전국의 뷰티 카운터나 때로는 외국으로 판매하도록 되어 있었다.

화장품업계에 있어서 세계에서 가장 위대한 여성들 중의 하나인 제르망 몽틸(Germaine Monteil)은 1935년에 그녀 자신의 화장품 회사를 설립했으며, 아름다움은 타고나는 것이 아니라 습관이라 말했다(그림27). 그것은 단순히 화장이 바르는 것에 관한 문제가 아니라는 것을 사람들에게 각인시켰으며, 그녀는 낮 전용 크림과 밤 전용 크림을 구별하여 철저한 세안이라는 케어에 중점을 두어야함을 강조했다. 또한 피부 빛에 있어서 스킨케어, 영양, 그리고 신체적 건강의 중요성을 지적하기도 했다.

1937년 초 영국 사교계에 데뷔할 예정의 여성들은 화장 레슨도 받았는데 주로 결혼, 피부손질, 화장, 매니큐어와 립스틱의 조화, 얼굴형에 어울리는 모자 등에 대한 내용들이었다.

랜즈다운 하우스(lansdowne house)의 뜰에는 화장 전문가를 위한 특설 뷰티 바를 만들었고, 그곳에는 화장을 고치기에 필요한 화장품들이 책상에 놓여져 있어 여성들은 자주 이곳을 이용했다(그림28). 피부에 따른 다양한 색의 선택도 가능했다. 거무칙칙한 피부에는 옅은 적갈색을, 흰 피부에는 담백한 핑크의 매니큐어, 갈색 머리카락에는 파랑, 블론드의 머리카락에는 연보라색, 회색 머리카락에는 녹색의 아이섀도우를 했는데 주로 밤을 위한 치장일 경우에만 가능했다.

1938년에 엘리자베스 아덴은 전 세계에 29개의 살롱이 있었으며, 그 중 19점은 미국에서 영업을 하고 있었다. 1938년에 가장 의의 있는 발전을 이룩했다고 생각되는 것은 맥스

그림28 . 화장대 거울앞의 여인, 하퍼스 바자(1936)

팩터의 수용성 케이크파운데이션 제1호인 맥스 팩터 팬 케이크(pan cake)였다(그림29, 30). 이러한 이름은 얇은 막으로 팬크로매틱(panchromatic: 어떤 색이라도 낼 수 있다) 한 케이크 화장품이라는 것에서 유래했다. 점차 이 팬 케이크는 여배우들에게 아주 인기가 좋았으며, 거리나 무대나 TV에서 널리 사용되었고 색상의 폭도 요구에 따라 다양하게 만들어졌다. 다른 회사에서도 독자적인 고형화장품을 제조하게 되었고, 여성들의 안색도 어디에서 보든 일정하고 자연스러운 피부빛을 만들어 주었고, 베이지색이나 황갈색의 색

그림29 . 맥스 팩터의 팬 케이크

그림30. 색상별 파우더

상 차이는 영화배우들은 잘 커버했지만 일반 여성들은 배우처럼 뒤쪽에서 보여 지는 경우도 있다는 것을 종종 잊어버려 목의 앞과 뒤로 경계선이 뚜렷이 생기는 경우를 흔히 목격할 수 있었다. 팬 케이크 화장은 콤팩트(compact) 메이크업이 모든 사람들에게 이용되기 전까지 많은 여성들이 애용하였고, 스틱 아이섀도우는 1938년에 처음 등장했다.

디자이너 장 파투는 이 유행에 맞춰 세계 최초의 선로션(sunlotion)인 윌 드 칼드(huile de caldee)를 발매했고(그림31), 미국에서는 인스탄트 텐 (instant tan)이 시장에 나온 지 10일 만에 2백만 병이 팔리는 이변이 일어났다.

독신 여성을 대상으로 한 잡지에는 60종류에 이르는 브랜드의 화장품 광고가 게재되었지만, 화장품 명은 상품의 매력을 증가시키도록 신중하게 고려되었다.

고급스럽게 포장된 화장품의 모든 광고나 디스플레이들은 화장품 매장이나 미장원으로 자연스럽게 유입했고, 살롱의 분위기는 프랑스풍의 우

그림31 . 윌 드 칼드

아함과 다채로운 색조로 장식되어 있었다. 이러한 분위기 속에서 30대의 여성들은 얼굴을 마사지하고 미안술을 실시하고 영양 크림을 바르고 피부를 자극하고 연지와 파우더를 바르는데 엄청난 시간과 돈을 투자했다.

한편, 볼연지와 파우더는 화장대의 주요한 상비품이었지만 립스틱이나 마스카라는 실제로는 알려지지 않았다. 파우더는 어떤 화장에도 가장 중요한 것으로 사람들의 피부에 어울려야 했다. 몇 년간 파리, 빈, 로마에서는 비교적 어두운 색조의 파우더가 애용되었는데, 그것은 미국의 유행을 좋아하는 여성들 사이에 퍼진 기호였다. 유럽 사람들은 건강과 야외 활동을 즐기고 또 자신의 흰 치아를 강조하기 위해 독자적으로 어두운 색조를 선택하기도 했다. 볼연지에 관해서는 많은 여성들이 사용하기 어려운 액상의 볼연지보다는 콤팩트 혹은 크림 타입의 볼연지를 사용했다. 미묘한 색조를 내기 위해서는 중지로 크림 타입의 볼연지를 점상으로 찍고, 검지로 섞어서 사용하기도 했으며, 저녁부터 밤에 걸쳐서 귓볼에 붉게 연지를 바르는 것이 세련되어 보였다(그림32). 프랑스 여성들은 세련되게 화장을 하고, 때로는 콧망울에 바르는 경우도 있었다.

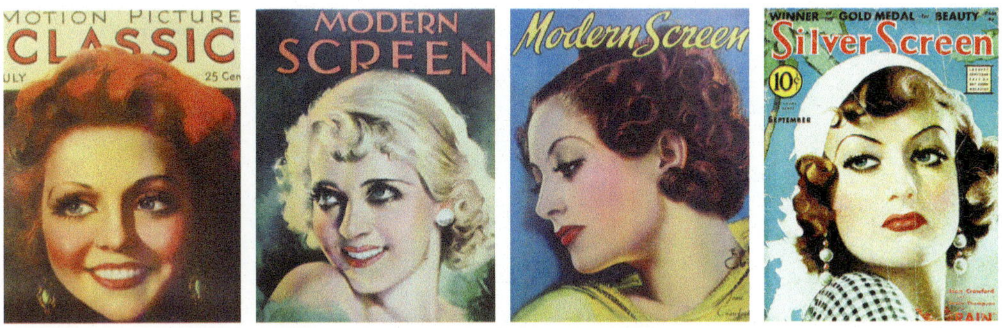

그림32. 파우더와 볼연지를 사용한 화장

1930년대 초기의 매니큐어는 핑크가 계속 이용되고 있었지만 파리에서는 특히 이브닝용으로 밝은 색조인 빨간색이 애용되던 시대였다. 파리에서는 에메랄드 그린이나 우유빛 손가락의 손톱들이 종종 출현하기 시작한 것을 볼 수 있다. 이것은 플래티넘 팁(platinum tips)으로 불려, 불투명한 에나멜을 붉게 매니큐어 한 손톱에 바르는 것이다. 에나멜을 손톱의 핑크부분에만 발랐으며 끝부분과 반월형부분은 다듬지 않고 그대로 두는 것이 자연스럽고 고상한 것이었다. 그런데 그 해에 남 프랑스의 휴양지에 모인 영화배우와 사교계의 여성들은 예술적인 감각을 살려 햇볕에 태워 검어진 손의 손톱에 핑크색을 바르면 핏기가 없어보였으므로 손톱을 피와 같은 빨간색으로 칠해 세상을 놀라게 하였다(그림33).

그림33. 30년대의 빨간색으로 칠한 매니큐어 패턴

그리고 매일 30분간 손을 가꾸는데 시간을 투자하면 아름다운 손을 가질 수 있다고 신문을 통한 광고도 있었다(그림34).

한편, 하퍼스 바자 5월호에는 매니큐어와 립스틱을 매치하여 즐겁고 독창적인 조화로 여성들의 기호를 맞출 수 있다고 했으며, 리도 크림슨(lido crimson), 리비에라 레드(riviera red), 팜 비치 코럴(palm beach coral)의 세 가지 색상을 예로 들었다.

여성들은 맨발에 짧은 복사뼈까지의 양말을 신기도 했으며 샌들을 일상적으로 신기 시작하면서 빨갛게 칠한 발톱이 보여지게 되었다. 지금까지는 여성은 사람들 앞에서 발을 내놓지 않는 것으로 되어 있었으나, 사람의 발에는 10개의 발가락이 있다는 것을 확실하게 제시했다(그림35). 향수도 중류층 여성들 사이에서 사용되어 지고, 비누에도 향료가 넣어졌고, 또한 오데코롱이 사용되어 졌는데 주로 체취를 없애기 위해 사용되어졌다.

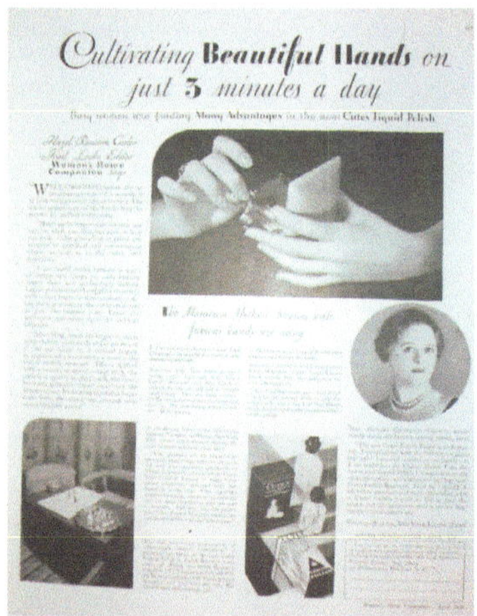

그림34. 신문 광고

1937년 미국 남성들은 얼굴을 손질하는데 2억 달러 이상이나 이발소에 지불했는데, 그 금액은 미용실에서 사용하는 액수보다도 약 3천만 달러나 많다고 추정된다. 게다가 쉐이빙 크림, 수염 깎기, 화장수 등을 사용하고 있다는 것을 스스로는 인정하고 싶어 하지 않았지만 상당량의 금액이 이러한 제품을 구매하는데 소비되고 있었다.

그림35. 매니큐어 제품들과 보관함

당시 턱수염은 유행에 뒤처지는 것으로 간주되어 몇백만 달러라는 금액의 대부분이 수염을 깍는 제품의 구입용으로 사용되었다. 수염제거용 화장품인 에프터 쉐이빙 로션은 이발소나 화장품매장에서 구입할 수 있었다. 또한 특별 미안술을 위해 남성이 여성용 미용실을 비밀스럽게 이용하는 경우도 있었는데 이 경우 고객을 위해 절대적으로 비밀을 지켜주었다(그림36).

그림36. 1930년대의 남성

화장의 일반화에 따라 에티켓 문제가 대두되기도 했다. 대부분 사람들 앞에서 립스틱이나 파우더를 바르는 것은 필요한 경우에 한해 남성들로부터 관대하게 받아들여지기도 했다. 그러나 남성들은 사람들 앞에서 립 브러시를 사용해 립스틱을 바르는 것은 물론, 볼연지를 바르는 것도 전면적으로 싫어했다. 그리고 교양 있어 보이는 듯한 여성이 컵에 립스틱을 묻히거나 어수선한 화장 케이스에서 더럽고 기름이 묻은 파우더 퍼프를 꺼내어 코를 두드리거나 하는 경우가 종종 있었으므로 전문가들은 외출 전에 화장을 마치고 타인 앞에서는 하지 않도록 충고를 하기도 했다(그림37, 38).

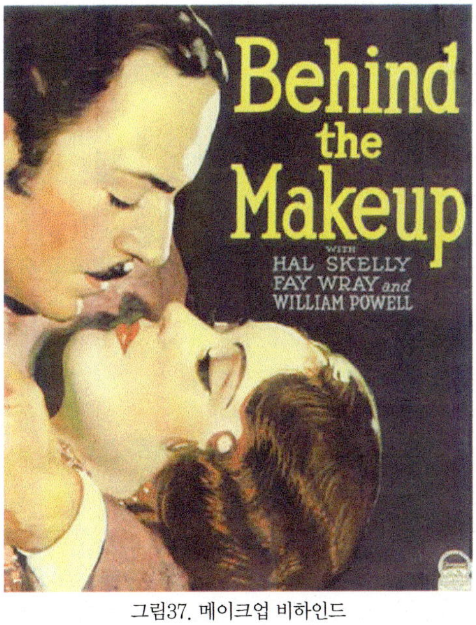

그림37. 메이크업 비하인드

그림38 . 영화를 위해 메이크업을 받고 있는 여배우(1932)

4) 헤 어

1930년대가 되어 경제 공황이 닥치면서 로우 웨스트의 옷으로 남성미를 과시한 여자의 웨스트 라인은 다시 제 위치로 돌아오고, 하이힐이 부활하면서 헤어스타일도 점차 길어지기 시작했다(그림39). 이상적인 여성상은 마르고 젊은 아가씨의 타입에서 벗어나 점차 고풍스런 타입의 모델을 찾기 시작했다.

그림 39. 길어지기 시작한 헤어스타일

그림40 . 존 크로퍼드의 옆 가르마

1930년대에는 가르마를 가운데나 옆으로 하고 커다란 웨이브를 만들어서 귀밑으로 한 개의 롤을 만들거나 시뇽으로 만드는 것이 유행하기 시작하였다(그림40). 30년부터 35년경까지의 헤어스타일에서 특징적으로 눈에 띄는 것은 머리의 정수리 부분을 딱 붙여 가르마를 타고 그대로 빗어 내려서 귀부분에서 큰 롤을 감아 컬을 주는 것이다(그림41, 42). 또한 머리 윗부분에 시뇽을 붙이는 동양풍이 유행하기도 했으며, 퐁파두르형이라는 머리

그림41. 정수리부분을 붙인 스타일

그림42. 귀부분에 컬을 준 스타일

모양은 1933년경 시작되어 35년에는 컬 묶음을 뒤로 하는 것이 부활하기도 했다.

1937년 중반까지는 32년경 그레타 가르보가 영화 안나 크리스티(Anna Christie)에서 입었던 풀오버와 그녀의 머리 스타일인 페이지 보이 보브(page boy bob) 스타일이 전 세계 사람들에게 유행되었다. 이것은 앞 가르마를 한 어깨까지 내려오는 단발로 완만한 웨이브를 귀 안쪽으로 굽어지게 한 것이다(그림43).

머리카락은 더 길어졌고 여성들은 여러 방법으로 이를 정리했다(그림44). 젊은 여성들은 앞과 옆에 핀을 꽂고, 머리를 뒤로 길게 풀거나, 페이지 보이 보브와 같은 미국 영화배우의 스타일을 좋아했다. 이런 머리 스타일을 롱 보브(long bob)라 불려졌고 점차적으로

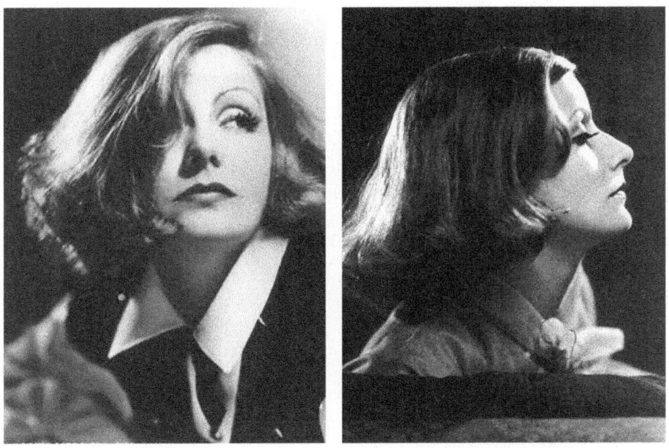

그림43. 그레타 가르보의 페이지 보이 보브 스타일

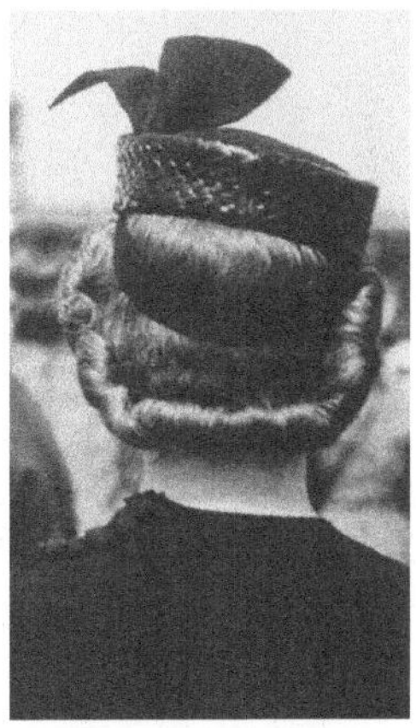

그림44. 정리된 여성의 머리

유행하였다. 더 세련된 머리 스타일은 패션 잡지에서 빅토리아풍 또는 에드워드풍으로 묘사된 우아하게 들어 올려진 모양이었고, 빅토리아와 에드워드 시대로부터 영향을 받은 스타일이었다(그림45).

또한 퍼머넌트 웨이브가 생겨 20년대의 극단적인 쇼트의 짧은 머리 스타일이 모습을

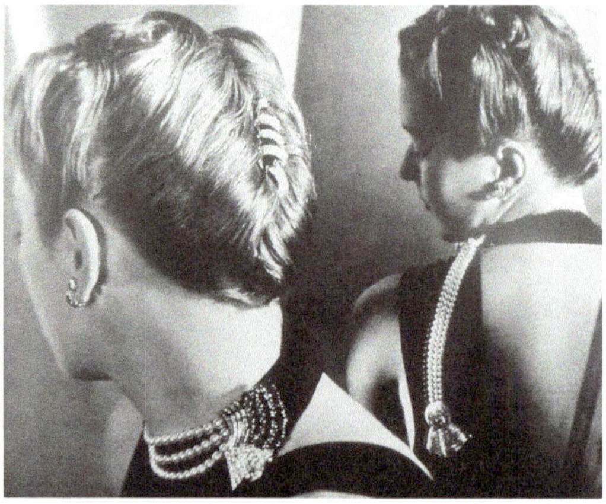

그림45. 우아하게 올린 머리

감춤으로서 전반적으로 말끔하고 세련된 성숙한 여성스러운 분위기를 이루었다(그림46).

퍼머넌트 웨이브 스타일이란 자연 상태의 두발에 대해서 물리적, 화학적인 방법을 가하여 두발의 구조나 상태를 오래 지속되는 웨이브상으로 아름답게 변화시키는 것을 의미하며, 헤어 스타일링을 완성시키기 위한 하나의 수단으로 사용되고 있다(그림47).

그림46. 퍼머넌트 웨이브의 여성들

1930년대에 유행했던 퍼머넌트 웨이브는 1920년대와는 달리 여성스러움을 되찾고 어깨길이의 머리에 중간이나 끝만 부드럽게 웨이브 하는 형태로 나타났다.

즉 30년대의 퍼머넌트 웨이브는 경제 불황으로 여성스러움을 요구하는 시대상황과 과학의 발전으로 나타난 머리 형태이다. 이것은 꼬불거리는 머리 형태를 원하는 여성들에게 반영구적인 부드러운 웨이브 머리를 할 수 있게 한, 획기적인 머리의 형태와 시술방법상에서의 혁명이었다. 퍼머넌트는 머리를 간편하게 할 수 있으면서도 아름다움을 줄 수 있으므로 현재까지 여성들에게 애용되고 있다(그림48, 49, 50).

한편 사람들은 경제공황 시기에 현실의 어려움을 영화의 화려함에서 찾고자 하여 헐리웃의 영화가 전성기를 맞게 된 이때부터 영화가 화장, 머리모양의 유행에 큰 영향을 끼치게 되었다. 특히, 1934년 진 할로우의 백금색의 머리가 유행하여 많은 여성들이 탈색을 하고 옅은 색깔의 머리를 선호했고 염색시대가 열리는 계기를 마련하였다(그림51).

이때 선호되는 헤어 컬러는 블론드였는데 가장 인기 있는 컬러는 백금 같은 블론드였다. 그것은 빛을 아주 잘 반사했고 희미하게 반짝이는 펄로 된 이브닝 가운과 샴페인과 아주 아름답게 어울렸다.

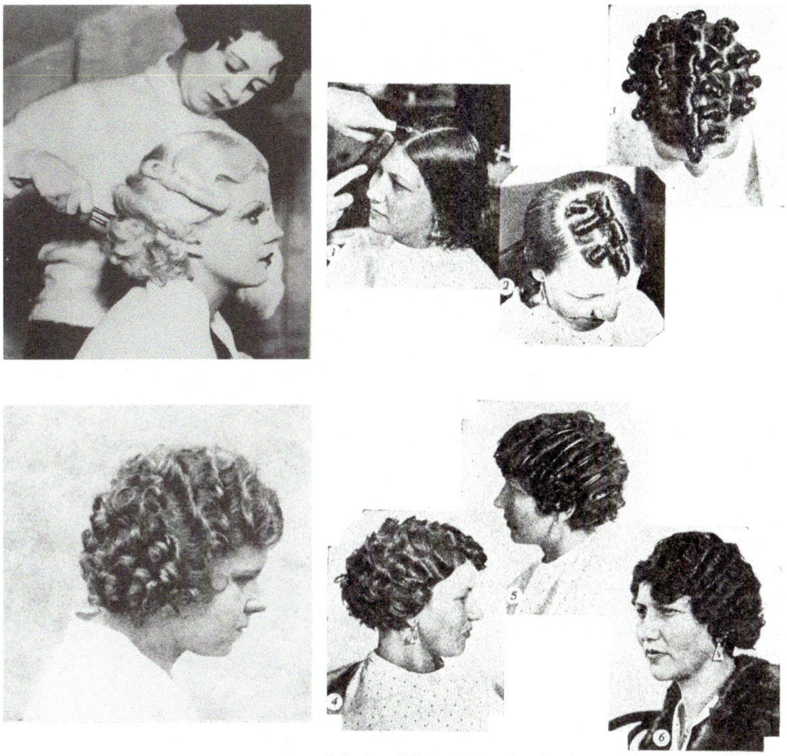

그림47. 웨이브 만드는 모습

그림48. 퍼머넌트 웨이브를 한 메리 에스터(Mary Astor)

그림49. 퍼머넌트 웨이브를 한 낸시 케럴(Nancy Carroll)

그림50. 퍼머넌트 웨이브를 한 에스더 랠스턴(Esther Ralston)

그림51. 진 할로우의 백금색 머리

미국 뉴욕5번가에 있는 미용실에서는 미안술은 3달러 50센트, 눈가의 주름제거 수술 3달러, 머리염색(검은머리로) 5달러, 피부에 특수한 자극을 주는 손질 10달러, 근육 손질 10달러, 팔 손질 3달러, 모발과 머리의 두피 손질 3달러, 샴푸 1달러 50센트, 핫 오일 샴푸 3달러라는 형식으로 가격을 책정하기도 하였다. 그리고 이러한 매장이 전국에 4만개 정도가 있었으며 여성들로 하여금 직접 화장하거나 하지 않고 미장원으로 발걸음을 옮기게 했다.

또한 전국화장 · 미용기술자협회에서는 핑거 웨이브(finger waving)나 마르셀링(marcelling), 그리고 퍼머넌트 웨이브의 콘테스트, 매매상의 다양한 요령에 관한 무료강습회, 새로운 기계나 수법의 전시회가 만찬회 등과 같이 개최되었다(그림52).

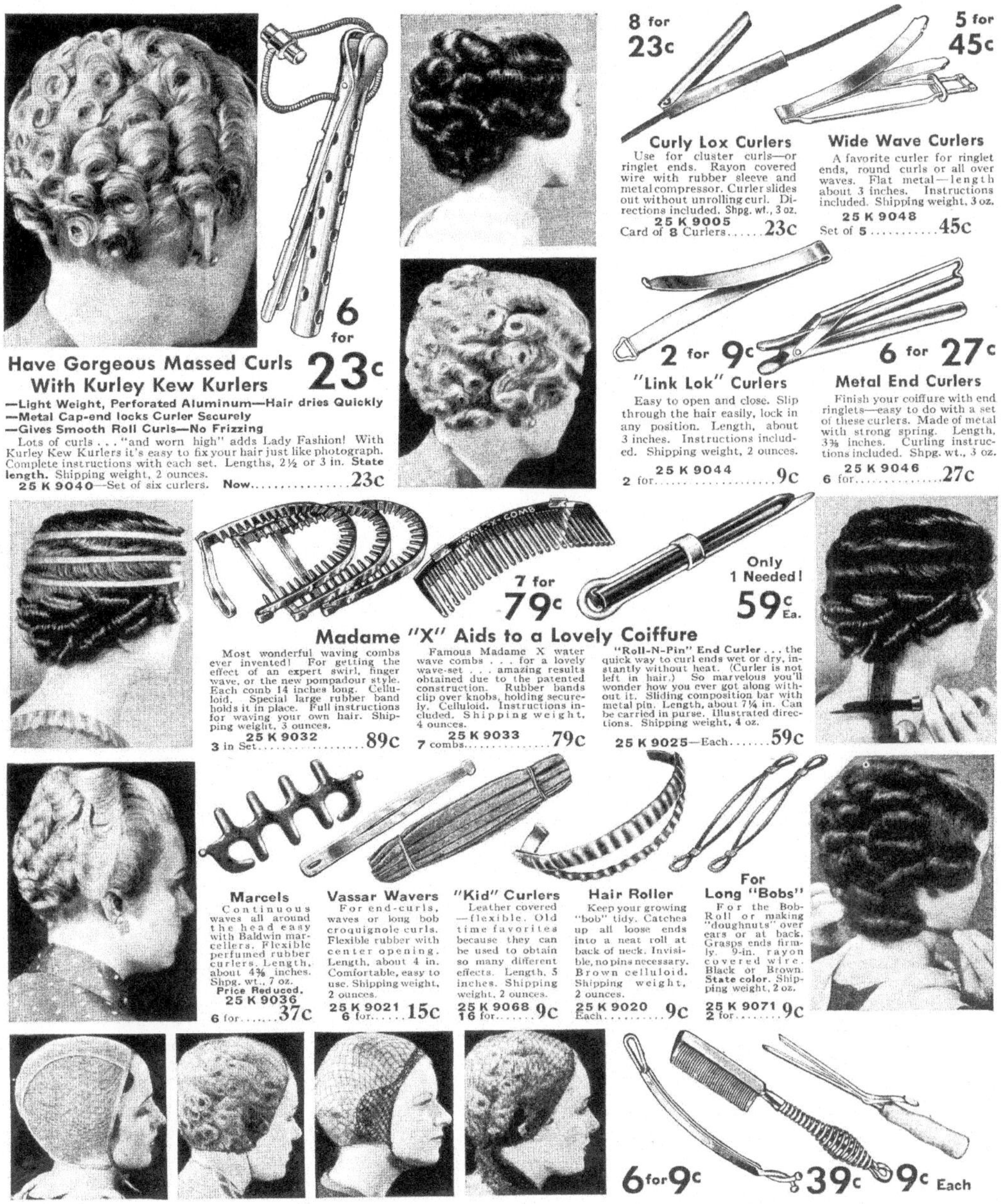

그림52. 웨이브를 만드는 다양한 도구들

5 1940–1949년

1) 사회문화적 배경

1940년대는 열전 속에서 시작되어 냉전과 더불어 막을 내렸다. 히틀러(Hitler)의 침공으로 시작된 제2차 세계대전은 인류역사상 최대의 세계전쟁이었다. 그 이전까지 전쟁은 특정국가나 지역내의 전쟁이었고 제1차 세계대전까지도 유럽의 전쟁이라고 볼 수 있었다. 그러나 1941년 12월 7일 일본군의 진주만 기습으로 인해 미국의 참전계기를 제공한 제2차 세계대전은 동 · 서양을 막론한 모든 강대국과 관련 국가들이 참여한 세계의 전쟁으로 바뀌었다. 이로 인해 음식 · 연료 · 패션의 배급에서부터 전례가 없을 정도로 여성 인구의 높은 노동 참여율 등에까지 영향을 미쳤으며 세계의 문화는 거의 정지상태였다.

1939년 시작된 제2차 대전은 1945년 8월 일본의 히로시마와 나가사키에 투하된 원자 폭탄으로 마감되었다.

승전국인 미국과 소련은 자본주의와 공산주의의 대결구도로 세계를 냉전 국면으로 끌고 갔으며, 제2차 세계대전의 종식이후 무엇보다 두드러진 것은 미국의 위상 강화였다. 이미 1920년대 이후 세계 최강의 경제대국이었던 미국은 제2차 세계대전에서 피해를 적게 입으면서 주도적 역할을 함으로써 확고부동한 세계의 맹주로 떠올랐다. 전후 세계문화의 중심은 미국으로 옮겨갔고, 미국은 정치 · 경제적으로 부유한 나라가 되었으며, 이러한 사회 분위기는 사람들의 사고체계에도 변화를 가져와 전반기의 권위주의적 사고가 대중중심의 자유로운 사고로 변화하기 시작하였다.

전쟁의 참혹함을 체험한 인류는 1948년 유엔을 통해 세계인권선언을 채택했으며 19세기말 이래 꾸준히 진행된 여권의 신장은 이 시기에도 계속되었다(그림1).

그림1. 제1차 세계대전 참전국의 국기를 모티브로 한 패션

2) 패 션

제2차 세계대전 동안 여성들은 최소한의 의복으로 최대한 활용해 입고자 했으며 전쟁 기간에 생산된 옷감은 대부분 군수용으로 할당되었다(그림2). 제2차 세계대전 직후까지는 각진 어깨, 짧은 스커트의 테일러드 슈트 스타일인 밀리터리 룩(military look)이 지배적이었다(그림3, 4).

그림2. 전쟁 중의 유니폼

그림3. 밀리터리 룩

그림4. 밀리터리 룩

미국 듀폰(DuPont)사에 의해 1940년 5월 나일론 스타킹이 미국여성들에게 소개되었다. 1942년 4월경에는 의복 디자인 또한 규제를 받았고, 옷감 사용량이 규제되었으며, 디테일 부착이 금지되었다. 그리고 맨 다리를 선탠한 것처럼 보이게 만드는 화장품이 생산되었으며, 브라운색 그레이비와 코코아가 저렴한 대용품으로 사용되었다. 다리에 이것을 칠한 후 종아리 뒤에 솔기선을 그려 넣었다(그림5).

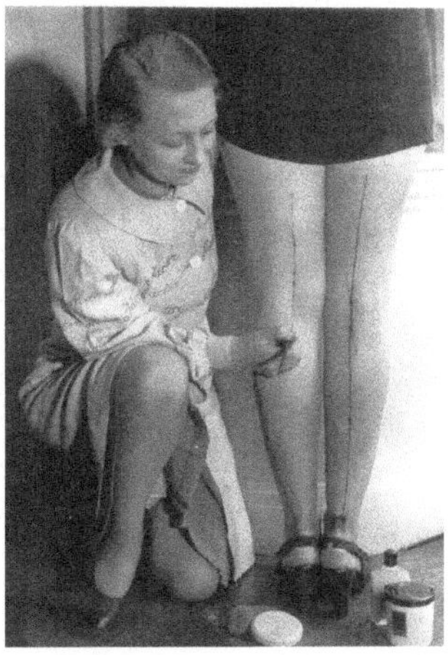
그림5. 다리에 선을 긋는 모습

제2차 세계대전은 결과적으로 시민복의 근대화를 유도하여 과거 어느 때보다도 단순하고 기능적인 복장을 일반대중에게 보급시킴으로써 패션을 특수 계층만의 것이 아닌 일반대중에게 확산시켰다.

여성들이 패션을 표현할 수 있도록 유일하게 허용된 것은 모자였는데, 규제를 받지는 않았지만 모자의 크기는 작았다. 베일이 달린 필박스가 인기 있었으며(그림6), 베레모 처럼 머리를 감싸는 캡과 작은 챙이 달린 조그만 모자를 맵시 있게 기울어지도록 썼다(그림7). 깃털 장식이 인기를 끌었는데 깃털 한 개에 새 한 마리를 통째로 사용하는 것까지 다양했으며, 멋진 리본을 사용하기도 했다. 1944년부터 여자들이 모자 대신에 스카프를 턱에서 매어 쓰거나 머리 꼭대기에서 묶어 쓰는 것이 유행하였다(그림8).

그림6. 필박스 모자

그림7. 베레모

그림8. 머리에 두른 스카프(1944)

전쟁이 끝나면서 점차 다시 주말과 휴일을 즐기게 되었다. 전후에 등장한 가장 뉴스거리가 된 것은 비키니(bikini)인데, 미국이 태평양의 비키니 아톨 섬에서 원자폭탄을 시험한 직후인 1946년 프랑스 디자이너 루이 레아르(Louis Reard)가 소개했다.

1947년에는 크리스찬 디올(Christian Dior)가 뉴 룩(new look)을 발표해 패션업계의 리더로 부상했다(그림9). 뉴 룩은 어깨를 부드럽게 하고 가슴과 허리의 자연적 곡선을 그대로 표현하며 스커트는 플레이로 한 것이었다(그림10). 이것은 전쟁 중 기능적이고 남성화되었던 딱딱한 분위기의 복식에 대한 자연스러운 반발이었다.

그림9. 디올의 뉴 룩(1947)

그림10. 디올의 뉴 룩

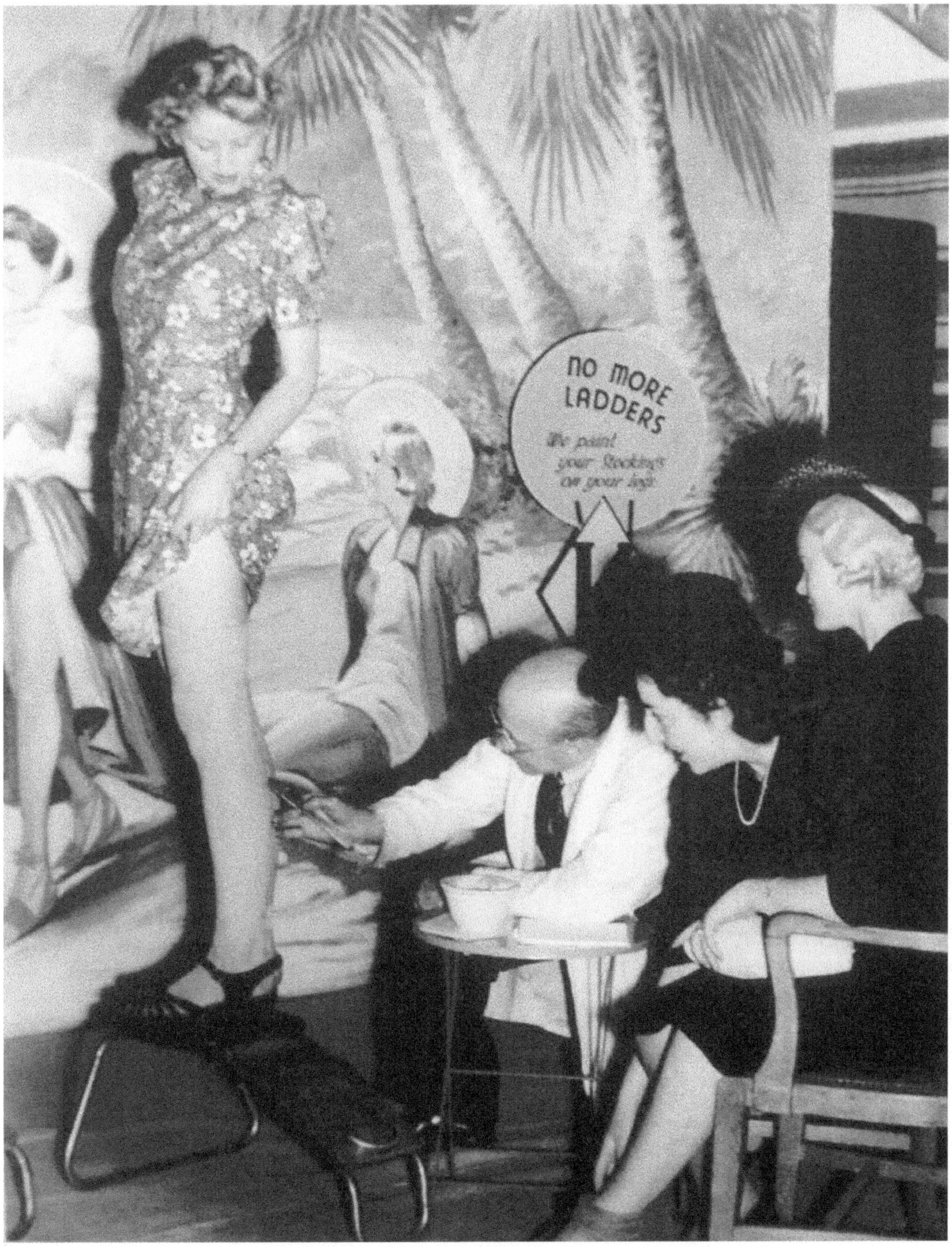

그림11. 제2차 세계대전 중 스타킹 효과를 위한 다리선 긋기

3) 메이크업

그림12. 미국판 보그(1941)

그림13. 정교한 눈썹 그리기

제 2차 세계대전은 1945년에 끝났지만 전쟁 중에는 많은 것들이 결핍되어 있었다. 많은 물품이 시장에서 완전히 사라져 버렸고, 전쟁의 영향을 받은 나라들은 자유롭지 못하였다. 또한 남성들 대신 노동에 투입되었던 여성들의 강한 모습이 이상적인 여성상으로 받아들여지고 있었다.

이 당시 미국은 유럽보다는 전쟁에서 비켜 서 있었으므로 영화 산업을 비롯한 소비산업이 호황을 누렸다. 그리하여 미국의 최대 상업도시인 뉴욕은 새로운 패션의 중심지로 떠올랐으며, 헐리우드에서는 컬러 영화가 제작되면서 기능과 색조가 다양한 화장품들이 제조되면서 헐리우드의 지위를 강화시켰다.

여성들은 더욱 정교하게 눈썹을 그렸으며, 피부를 완벽하게 커버해 주며 방수효과가 있는 팬 케이크가 나와서 여성들의 화장은 더 두꺼워지게 되었다. 눈이 움푹 들어가 보이도록 아이섀도우를 펴 바르고 어두운 색상의 화운데이션을 사용하여 음영을 주는 등 얼굴을 더욱 입체적으로 다듬었다(그림12, 13).

가장 중요한 것은 립스틱이었고, 입술은 뚜렷한 윤곽선과 함께, 충분히 컬러가 칠해지도록 했다(그림14). 눈썹은 약하게 아치를 이루고 주의 깊게 다시 그려졌으며, 모든 극단적인 것과 함께 셰이빙과 두꺼운 블랙 라인은 경멸받았는데 이것은 전쟁과 무관했던 미국 여성들이 그렇게 만들었다. 그녀들은 컴팩트 메이크업, 즉 맥스 팩터의 팬 케이크를 이용해서 피부 빛을 매트하게 보이게 만들었고, 동시에 결점을 숨기도록 했다. 이것은 유럽 여성들에게는 전쟁이 끝날 때까지 기다려야만 했던 사치품이었으며, 전쟁 중에는 오직 평범한 파우더만을 사용했어야 했다.

그림 14. 1940년대 초의 입술화장

1941년 미국판 보그에는 당신의 입술을 예술가가

그림 물감으로 색칠하듯이 칠하라고 권하고 있었다. 브러시를 이용하고 두 종류의 립스틱, 즉 윗입술에는 블루 레드를 아랫입술에는 오렌지 레드를 사용하여 아름다운 입술을 연출하는 것이 좋으며, 여름의 눈부신 태양 빛에 의해 검게 그을렸을 때는 윗입술에는 선명한 오렌지를, 아랫입술에는 갈색 빛이 나는 오렌지를 바르라고 유혹하고 있었다(그림 15).

그림15. 1940년대 다양해진 립스틱 컬러와 메이크업

1942년 전쟁이 화장품업계에 심한 일격을 가하여 화장품 제조가 미국에서 2달 동안 중지되기도 했었다. 미국에서는 1942년 6월에 화장품의 독단적인 분류를 공표하고, 엄격하게 생산을 제한하였다가 같은해 10월에 그 명령은 철회하기도 했다. 또한 전쟁 중에는 장사를 하기에는 아직까지 원료가 부족하였고 제품들을 가볍고 부드럽게 만들기 위한 글리세린(glycerin)과 그리스(grease) 같은 유지류의 공급 삭감이나 공급 중단으로 기본적인 성분들이 부족했기 때문에 메이크업 제품의 품질은 조잡할 수밖에 없었다. 파우더와 립스틱의 경우 고르게 발려지지 않았으며, 그 결과 여성들의 얼굴에는 고르지 않고 푸석푸석한 컬러 층이 만들어졌다. 립스틱용 메탈 튜브와 같이 포장 재료들 또한 부족했다.

화장품 산업에 대한 정부의 지원금에도 불구하고 유럽에서는 몇몇 물품들을 이용할 수도 없었다. 이것은 모든 회사들의 작업에 있어서 무기 생산이 우선 순위였기 때문이다. 한편 영국 여성들은 화장품이 비싸고 귀해지자 포도주와 꽃잎 등 주변에서 쉽게 구할 수 있는 재료로 직접 만들어 사용하기도 하였다. 마스카라나 눈썹용 펜슬은 검은 구두약(boot polish)을 사용하기도 했으며 루즈 대용으로는 레드 와인에 담근 장미 잎과 코튼을 사용했다.

전쟁기간 동안이었지만 내핍 생활 중에서도 여성들은 자신을 아름답게 꾸미고자하는 욕구로 화장은 삶에 본질적인 것으로 분류되어 '화장과 여성의 관계는 담배와 남성의 관계와 같다' 고 할 만큼 여성들에게는 이 어려운 시기에 아름다운 행복을 전달하는 것은 필수불가결한 것처럼 보였다.

이 당시 헬레나 루빈스타인의 상품은 629품목으로 78종의 파우더, 62종의 크림, 69종의 로션, 115종의 립스틱, 64종의 향수와 화장수, 다양한 볼연지나 아이섀도우, 마스카라 등의 품목을 만들어 루빈스타인은 여성들을 아름답게 만들기 위해서 노력했지만, 정작 자기 자신은 별로 화장하는 것을 좋아하지 않았다고 한다.

군대에서 일하는 여성이나 공무원은 빨리 간단하게 사용할 수 있고, 장시간 화장이 지워지지 않는 맥스 팩터의 팬 케이크 화장에 특별한 관심을 기울였다. 왜냐하면 배우들의 분장용으로 사용되고 있던 것을 평상시 사용하기에 적합한 색상, 즉 창백한 피부색에서 부터 진하고 따뜻한 황갈색까지 6가지의 색상별로 발매하기 시작했기 때문이다. 이것은 여성의 군복 색깔에 모두 잘 어울렸으며, 팬 케이크는 공급제한에 의해서 구입하기 어려웠지만, 대부분의 여성들은 무리해서 구입하더라도 그만한 충분한 가치가 있다고 생각하였다. 맥스 팩터는 광고에 헐리우드 라는 단어를 첨가해서 눈 깜짝할 사이에 자연스럽게 보이는 얼굴을 만드는데 필요한 제품이란 것을 각인시켰다(그림16, 17).

그림16. 맥스 팩터의 팬 케이크 화장품 광고

미국에서 엘리자베스 아덴은 비지 우먼즈 뷰티 박스(busy woman's beauty box)를 소개했으며, 그것은 화장 거울, 클린징 크림, 파우더, 아

그림17. 헐리우드 맥스 팩터 광고

이섀도우에서 부터 립스틱까지 모든 것을 담고 있었다. 이 박스는 증가하고 있는 여성 노동자들이 언제든지 필요로 하는 것을 구비하고 있었다.

전쟁에도 불구하고 화장품 산업의 매출액은 끊임없이 성장하고 있었다. 왜냐하면 처음으로 자신의 돈을 벌고 있는 많은 여성들이 자신의 외모에 엄청나게 투자했기 때문이다. 전선에서 남성들이 돌아올 때를 대비해서 잘 차려입기 위해 화장품을 비축해 놓는 것이 관행이 되었다.

1945년도에는 브르조아(Bourjois)에서 크리스마스 시즌을 맞이하여 Evening in Paris라는 제품을 만들어 연인들을 위한 선물용 상품을 선보이기도 했었다(그림18).

그림18. 브르조아의 Evening in Paris

탠지사의 립스틱 제조과정을 보면 착색한 안료, 기름, 납, 향료를 섭씨 약 88도로 가열한 스테인리스 스틸의 큰 탱크에 넣어 섞는 것을 시작으로 혼합물을 테스트하여 통과하면 이것을 립스틱 틀에 채워서 식힌 후 틀을 열어 립스틱을 선별하고, 검사하여 금속 용기에 담는다. 그리고 나서 다시 각각 검사하고 마지막 단계로 출하용 상자에 채운다.

1940년대에 나타난 새로운 미는 고상함이었으며, 이것은 화장에도 영향을 미치고 있었다. 즉 파운데이션은 새털과 같은 매우 가벼운 터치로 발랐는데 색상은 연한 보통 색으로 연한 핑크나 피치, 골드 파우더를 피부에 엷게 펴서 발랐다(그림19). 립스틱은 단순히 피부색을 강조하기 위해서 사용되었는데, 입술은 뚜렷하게 자연스러운 느낌으로 윤곽을 그리고 파스텔조의 붉은 색, 즉 핑크나 산호색으로 채우고 아이섀도우나 마스카라는 조금만 사용하였다(그림20).

후에 뉴욕의 패션단체에서는 결점이 없는 피부의 중요성을 강조하기도 했다. 이것은

그림19. 코티의 파우더

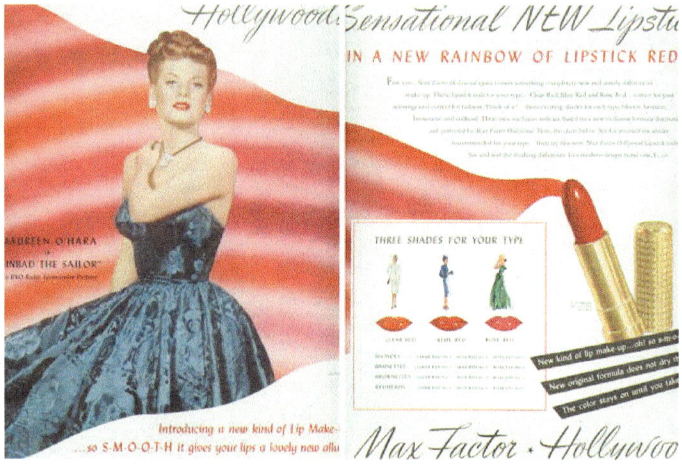

그림20. 맥스 팩터의 립스틱

화장을 시작한 이후, 자신의 얼굴 위에 두꺼운 가면을 만들어내는 데는 매우 바쁘지만, 그 아래에 있는 피부에 대해서는 그다지 생각한 적이 없는 젊은 여성이 많을 것이라는 근거에 의한 것이다. 즉 파운데이션은 파우더를 오래 지속시키기 위한 목적으로 사용하는 것이지, 얼굴을 펠트지 촉감으로 마무리하고자 하는 것이 아니며, 파운데이션 위에는 연한 핑크나 피치, 골드와 같은 밝은 색 파우더를 바르는 것이 바람직하다는 뜻이다(그림21).

그림21. 파우더로 마무리한 깨끗한 피부화장

립스틱 색은 지금까지 보다 훨씬 밝아졌으며 로즈 핑크나 연한 산호색, 연한 황갈색으로 윤곽을 뚜렷이 그렸다(그림22). 얼굴이 밝은 색이기 때문에 눈화장이나 볼연지는 더 중요해지게 되었고, 매니큐어는 희미해진 립스틱 색에 맞추었다.

그림22. 밝아진 립스틱

1948년 당시, 옷차림이 단정한 여성에게 권하고 있는 화장법은 피부를 좀 더 멋진 감촉으로 착각하게 만드는 매끄러운 베이스와 파우더의 얇은 막, 적당한 위치에 바른 볼연지, 윤곽이 뚜렷한 립스틱의 마무리와 위쪽 속눈썹의 마스카라, 눈꺼풀 위에 살짝 칠한 아이섀도우로 연출하는 것이다(그림23). 같은 해 런던의 갈라(gala)는, 립 라인이라는 길고 가는 립스틱으로 입술 윤곽을 그린 후에 안을 칠하는 립스틱을 선전하였는데 다양한 색이 있고, 리필 제품도 구매할 수 있다고 했다.

1949년 여름을 앞둔 보그는 오렌지 레드 립스틱, 산호색 볼연지, 베이지 파우더, 연녹색 아이섀도우, 암녹색이나 갈색 마스카라, 갈색 눈썹 펜슬이 유행할 것이라고 예상하기도 했다.

미국에서는 새로운 화장용 파운데이션이 헬레나 루빈스타인에 의해 만들어졌다. 이 제품은 실크 섬유를 이용해서 벨벳과 같은 크림과 기름으로 유화시켜 두 개의 놀랄 만한 새로운 파운데이션으로 탄생시켰는데, 지금까지 한번도 보지 못한 파운데이션으로서 편평한 플라스틱 케이스에 든 크림 파운데이션과 투명한 유리병에 든 액체 파운데이션으로 모두 6가지의 색상으로 되어 있다.

그림23 . 에본 화장품 광고(1948)

이 당시에 역사상 두 번째의 유행에 해당하

는 패치가 부활하기도 했다. 그것은 검은 비단으로 원, 삼각, 사각, 다이아몬드, 하트, 별, 반달, 화살, 클로버잎, 사람 모양 등으로 잘라서 백 개나 되는 상자에 넣어서 팔았는데, 자신의 얼굴 중 가장 멋진 부분에 시선을 주목시키기 위해 사용하기도 했지만 과거의 패치시대 보다 크게 주목 받지 못했다.

이 시대 특징 중의 하나는 다리에 메이크업을 하는 것으로 전쟁 동안 립스틱이나 파우더보다 훨씬 더 중요했다. 이것은 스타킹의 원료인 나일론과 실크는 낙하산을 만들기 위한 구호물자로 사용되었기 때문에 물자의 부족으로 스타킹을 사는 것이 불가능했고, 스커트가 점진적으로 짧아짐에 따라 맨 다리는 멋져 보이지 않았다. 그래서 모든 여성들은 여러 종류의 속임수를 생각해냈는데 가장 쉬운 해결책 중 하나는 아이브로우 펜슬을 사용해 솔기선을 그리는 것이었다. 그렇기 때문에 예리한 눈길과 흔들리지 않는 손이 스트레이트 라인을 그리기 위해 필요했다. 그리고 오래지 않아 다리를 따라서 고르게 펜슬을 움직이는데 도움을 주는 기구가 등장하였다.

또 다른 하나는 다리 메이크업이었다(그림24). 그러나 이것을 바르는 것은 훨씬 더 솜씨가 좋아야 했으며, 색상이 고르게 분포되기 위해서 빨리 하는 것이 필수적이었을 뿐 아니라, 다리가 완전히 마를 때까지 오랜 시간 기다려야만 했다. 그렇지 않으면 옷에 자국을 남길 위험이 있었다. 또한 비가 올 경우에는 위험하므로 집에 머무르는 것이 더 나았다. 젖은 다리에 하는 메이크업은 얼룩덜룩해지고 심지어 완전히 씻겨지기도 했

그림24. 다리에 페인팅 하는 모습

다. 그래서 엘리자베스 아덴의 핀 200(fin 200), 틴팅 로션(tinting lotion)이 이때 등장했는데 그것은 물, 눈, 심지어 진흙도 스며들지 않았다고 한다.

뷰티 살롱은 직업여성들에게 완벽한 다리 메이크업을 제공하는 것을 전문으로 했다. 한편 제품이나 전문적인 도움을 받을 여유가 없었던 여성들은 치커리 즙(chicory juice)으로 피부를 염색하기도 했고, 어떤 사람들은 하이힐의 코트 슈즈(highheeled court shoes)에 짧은 양말을 신기도 했다.

전쟁으로 인해 나타난 또 다른 여성상은 관능적인 모습과 화장을 한 핀업 걸(pinup girl)들이었다(그림25). 그 뜻은 벽에 핀으로 꽂아 장식하는 사진으로 잡지의 광고사진모

그림25 . 핀업 걸 (베로니카 레이크, 리타 헤이워스, 베티 그레이블)

델이나 배우의 사진을 오려내어 붙이는 것이다. 제2차 세계대전 중 군인들에게 상당히 인기가 있었으며, 모델들은 매혹적이고 포즈가 선정적이며, 모델의 시선이 보는 사람의 시선과 마주친다는 점이 특징이다. 이러한 핀업 걸들의 화장은 섹시하면서도 생동감 있는 형태였는데 자연스럽고 선명한 눈과 눈썹은 두껍고 또렷한 곡선적인 형태였고, 속눈썹에는 마스카라를 칠하고, 인조눈썹을 덧붙였으며, 연필로 입술을 크고 선명하게 그리고 관능적으로 강조하여 립스틱으로 입술 안을 메꾸어 칠했다. 여기에 매니큐어와 패디큐어(pedicure)도 대담한 색으로 매치시키는 스타일을 보여주었다(그림26). 당시에 인기가 있었던 핀업 걸들은 베로니카 레이크(Veronica Lake), 리타 헤이워스(Rita Hayworth), 베티 그레이블(Betty Grable)등이 있었다.

특히 수영복을 입고 어깨 너머로 유혹적인 눈길을 던지고 있는 베티 그레이블의 사진

그림26 . 핀업 걸들의 관능적인 메이크업

은 그 10년 동안 가장 인기가 있는 이미지가 되었으며, 이것은 형태가 잘 잡힌 다리 때문이었다. 그러나 이 다리는 오늘날 자존심 강한 모델에 비해서는 너무 짧은 것처럼 보이지만 그 당시에는 런던 로이즈(Lloyds of London)에 백만 달러 보험을 들만큼 충분히 길었다. 이러한 이유로 인해 핀업 걸로서의 베티 그레이블의 명성은 그녀의 배우라는 직업보다 더 컸다(그림27).

야들레이(Yardley)는 중산층을 위한 화장품의 발매를 시작했고, 그에 비하여 코린스(Collins)는 하류층을 위한 향수를 발매했다. 이로 인해서 누구나 향수를 사용하게 되는 계기를 마련했다. 거기에 영화스타에 의한 상류층의 영향도 컸다. 상류층에 가장 많이 보급된 향수는 샤넬 No.5였으며, 특히 대상형(抬上型)향수가 인기가 많았다. 이러한 향수는 모두 포장에 신경을 쓰게 되어 서로 경쟁하기 시작했다. 핸드백에 넣어서 다닐 수 있는 휴대용 사이즈의 향수는 고야(Goya)의 블랙로즈와 패스포트 향수에 의해 일반화되었고, 이러한 것들은 프랑스의 미용사에 의해 대량생산의 길이 열리게 되었다. 그러나 향수가 일반 대중에게 보급되었다고는 하나 맥스 팩터, 헬레나 루빈스타인, 야들레이, 엘리자베스 아덴 등은 상류층을 주요 고객으로 생각했다.

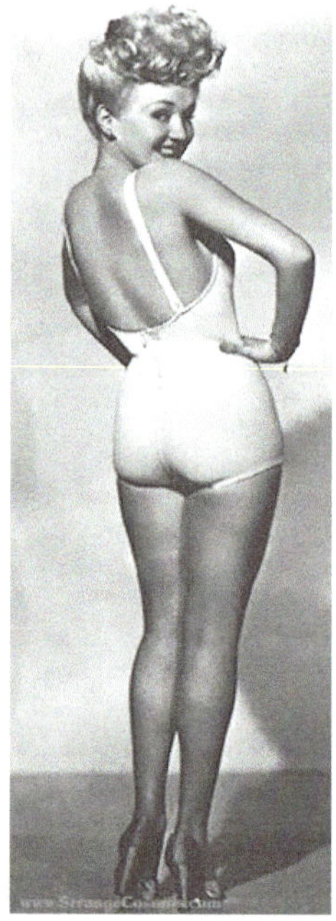

그림27. 베티 그레이블

파리지앵 여성들은 겔랑이나 까롱(caron)으로 그들의 향수병을 리필하기 위해 샹젤리에에서 줄을 서서 기다렸다. 뢰르 아땅뒤(l'heure attendue)는 디자이너 장 파투가 1946년에 발표한 향수였고(그림28), 일랑일랑(ylangylang), 쟈스민, 로즈, 백합의 향기가 첨가되어 있었다. 이 당시 가장 성공적인 향수들의 이름은 아땅뒤(기다린, Attente (Expectation)), 앙 아땅당(그 동안, En Attendant (Meanwhile)), 그리고 말그헤뜨(모든 것에도 불구하고, Malgre Tout (Despite Everything))가 있었다.

1939년부터 광고되기 시작했던 겔랑의 살리마(Shalimar) 향수는 약간 달콤하고 매우 짙고 확실히 이국적이었다(그림29).

그림28. 장 파투 향수, 뢰르 아땅뒤(1946)

그림29. 겔랑의 향수, 살리마

1945년까지는 남성 화장품의 제조업자수가 100개 이상에 달하고, 연간 약 5천만 달러의 총수익을 올려 1천만 달러의 광고예산을 짰었는데, 다음 해에는 제조업자 수가 2배가 되기도 했다. 검소한 선물 포장에 길들여진 귀환 병사들이 화장품 매장으로 직행하여 전혀 생각지도 못한 강한 향기가 나는 코롱류를 사기 시작하면서 붐이 일어났다.

전쟁은 남성용 화장품세트 판매에 대단한 자극을 주었다. 그것은 군대에 있는 남성에게 무엇을 보내면 좋을까라는 고민에 대한 훌륭한 해결법이기도 하였다. 화장품세트가 남성을 위한 인기 선물이 되었지만 포장은 여성에게 어필하도록 디자인되는 한편, 향기는 남성에게 어필하도록 의도되고 있다. 에리카(erica, heath)나 양치류, 잡초류, 수지(樹脂) 등으로 만들어지고, 섬세한 향기라고 하기보다 이른바 남성적이고, 남성을 매혹하는 이름이 붙어 있었다. 게다가 그 명칭은 피혁, 운동경기, 낚시, 수렵을 연상시키기도 했다. 비누조차도 큰 막대기 모양의 남성용이 만들어지고 있었다. 어떤 화장품이든지 면도라는 의미의 쉐이브라는 말이 들어 있으면, 남성에게 금방 수용될 수 있는 좋은 기회가 주어졌으며, 강한 향기가 나는 올드 스파이스(old spice)도 마찬가지였다(그림30, 31).

페이스 파우더를 사용하는 남성은 없지만, 애프터 쉐이브 탤크(after shave talc)는 당당하고 즐겁게 사용하였다. 그러나 손놀림은 서툴러서 욕실 여기저기에 가루를 흘리며 사

그림30. 올드 스파이스

그림31. 남성용 향수

용하였다. 가장 편리할 것 같은 퍼프는 여성적이라고 해서 사용되지 않았다. 만약 퍼프에 대한 편견이 없어진다면, 곧 남성은 활석가루보다 잘 발리는 여성용 페이스 파우더를 퍼프로 사용하게 될 것이라는 예언이 나오기도 하였다.

애프터 쉐이브 로션은 매력적인 말을 포함하고 있기 때문에, 남성에게 받아들여질 수 있었고 여기에도 역시 남성적 향기가 들어 있다고 생각되어졌다. 제조업자들은 날카로운 눈으로 이윤을 남기기 위해서 애프터 쉐이브 로션과 코롱에 애프터 쉐이브 탤크를 추가한 매력적인 선물세트를 제공하였다. 페이스 크림은 남성에게 있어서는 얼굴 마사지와 관련해서 사용되었고, 마사지 크림이라고 불리게 되자 더욱 인기를 얻었다. 이 밖에 남성은 쉐이빙 크림, 쉐이빙 소프, 스켈프 로션, 헤어 드레싱, 헤어 염색, 방취제를 사용하였고 얼굴 화장을 위한 화장품은 특별히 논해지지 않았다.

4) 헤 어

1939년부터 1945년까지의 제2차 세계대전 기간에는 1930년대 유행을 그대로 따랐으나 전쟁으로 인해 머리 모양은 간소화 되었고, 모자는 장식용이 아닌 머리 보호용으로 사용되었다. 전쟁 중 공장, 사무실, 농장 등에서 일하는 여성들은 작업 중 간편함을 위하여 머리를 터번이나 천으로 묶는 것이 일반적이었다(그림32, 33). 머리형태도 스타일보다는 위생적인 면과 실용적인 면에 치중을 했다.

스카프의 연출법으로는 턱에서 매어 쓰거나 스카프를 머리 꼭대기에서 매는 방법 등 다양했으며, 공장 노동자들이 머리를 간단하게 하기 위해 스카프로 묶는 스타일과 비슷하

그림32. 1940년대 여성들의 머리 연출법

그림33. 1940년대의 모자

였다. 모자는 자주 쓰지 않았으나 가장 유행되었던 것은 베레모였고, 챙이 넓은 모자는 이마 위에 비스듬이 써서 한쪽 눈을 가리고 다녔다. 모자에 한 개의 깃털을 꽂거나 얼굴을 가리는 베일이 달린 본넷형의 모자도 있었다. 전쟁이 끝날 무렵에는 파리에서 리버레이션(liberation)이라고 이름 지어진 꽃과 깃털, 리본으로 높이 장식된 모자가 발표되었다(그림33).

헤어 살롱에서는 가발을 제조할 때 사용하기 위해 커팅한 후에 머리카락을 모았다. 그러나 많은 여성들은 헤어 살롱을 방문할 여유가 없었다.

보브 스타일은 점차 길어져 이마 위로 높이 핀으로 꽂아 정돈하였으며, 여성들은 스카프를 터번 모양으로 꼬아서 만들어 썼고(그림34), 이 터번은 많은 여성들에게 어울렸으며 실루엣을 연장하는 효과도 있었다. 예를 들어, 프랑스 작가이자 페미니스트인 시몽 드 보봐르(Simone de Beauvoir)는 그녀의 생애가 끝날 때까지 계속 터번을 쓰고 있었다. 어려운 시기에 단정하지 못한 헤어를 간단하게 감추는 데에, 터번은 상당히 유용했고 당시

그림34. 1940년대 여성의 터번

그림35 . 소네타 나일론 네트

그림36. 전쟁 중에 사용된 공장근로자 여인이 한 네트의 모습

그림37. 네트를 이용한 다양한 머리모양

매우 인기가 있었던 네트도 어떠한 머리형에도 불구하고 모두 사용되어졌다(그림35, 36, 37).

미국에서는 헐리우드 영화의 영향이 나타나 내추럴 웨이브로 가볍게 내린 머리가 일반적인 경향이 되었는데 오직 영화계의 사람들만이 헤어를 느슨하게 풀어서 정돈했다. 스칼

렛 베로니카 레이크(Starlet Veronica Lake)의 길고 웨이브진 블론드 컬러 헤어는 미국에서 유명했다(그림38). 이로 인해 롱 헤어가 전혀 어울리지 않았던 모든 여성들은 베로니카 레이크의 헤어스타일을 모방하려고 노력했고 이것은 비참한 결과를 가져왔다. 즉 여성 노동자들의 경우 머리카락이 기계에 끼이게 되어 군수품 공장에서 빈번한 사고가 생겼으며, 마침내 미국 정부에서는 국가의 이익을 위해 베로니카 레이크에게 그녀의 아름다운 머리카락을 자르도록 요청하기도 했다. 그러나 그 직후 비슷한 헤어스타일을 가진 또 다른 젊은 여배우 로렌 바콜(Lauren Bacall)이 세계적으로 유명하게 되었다(그림39).

그림38. 베르니카 레이크

그림39. 로렌 바콜

베르니카 레이크의 대표적인 영화 나는 깃털을 갖고 싶다(I wanted wings)는 그녀를 일약 스타로 만들었는데, 그것은 그녀의 아름답고 긴 브론드의 머리 때문에 많은 사람들의 이목을 끌었다고 말하고 있다. 이 멋진 헤어스타일은 앞쪽이 17인치, 뒤쪽이 24인치의 길이로 어깨까지 늘어뜨린 것으로 턱 끝 아래까지는 거의 스트레이트이고 약간의 굵은 웨이브로 컬을 주어 형태를 유지하였다(그림40).

그녀의 머리엔 여러 가지의 명칭이 붙었는데, 예를 들면 스트립 티즈 스타일(strip

그림40 . 베르니카 레이크의 헤어스타일(표범의 머리 스타일)

tease style), 목양견 스타일(sheep dog style), 베드 걸 스타일(bad girl style)등의 좋거나 나쁜 이름으로 불리웠다. 특이한 것으로는 표범의 머리(the head of leopord)라 불리우는 것이었는데, 이것은 앞머리를 높게 세운것 때문이기도 했다. 또 그녀의 이름을 따서 베르니카 레이크 스타일이라고 불리워지기도 했다.

영화 질다(gilda)에 나온 리타 헤이워스(Rita Hayworth)의 헤어스타일 역시 자연스럽게 많은 볼륨이 있었다(그림41). 드라이를 한 후에, 건조한 끝부분은 오일로 마사지하고 손등 위로 브러시하면 안쪽으로 커다란 컬이 만들어졌으며, 마지막으로 옆 가르마를 만들었다. 그리고 더 오래 유지하기 위해 헤어라인을 젤로 부드럽게 만져주기도 하였다. 때때로 약간의 컬과 웨이브가 이마 위에 오게 했고, 샴푸 후에 컬이 있는 긴 헤어를 브러시해서 넘기는 것이 어려웠기 때문에, 컨디셔너로 마무리 했다.

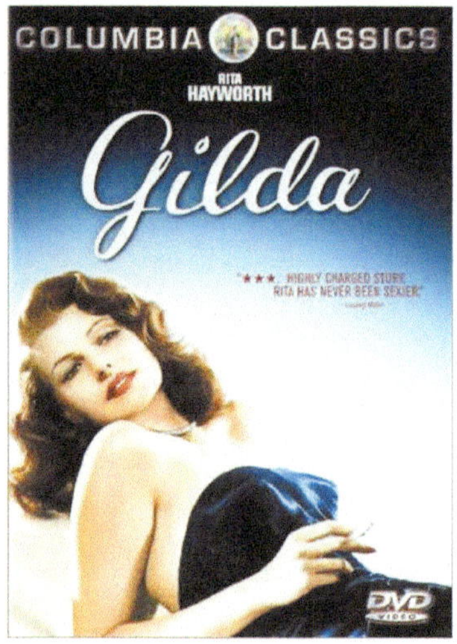

그림41. 영화 질다의 리타 헤이워스

전문적인 손질을 받을 여유가 없었던 여성들은 그들의 헤어를 반짝이고 매끈하게 만들기 위해 달걀노른자를 바르고 식초나 맥주를 린스대용으로 사용하기도 했다. 그러나 진정한 우아함을 의미하는 유일한 헤어스타일이 있었는데, 머리의 뒷부분에 느슨하게 꼬아 올린 쪽진 머리(lossely coiled bun)였다(그림42, 43). 1944년 헤어드레서인 기욤(Guillaume)이 발렌시아가(Balenciaga)를 위해 디자인했고 시농으로 알려졌으며, 세계적인 클래식 스타일이 되었다. 원래는 발레리나들을 위한 전통적인 헤어스타일로 머리를 얼굴 뒤로 빗어서 목덜미에서 포니테일로 묶고, 숫자 8의 모양으로 꼬아서 핀을 이용해 아래로 고정시킨 스타일이다.

그림42. 꼬아 올린 머리 모양

그림43. 디트리히의 꼬아 올린 머리모양

전후 얼마동안의

그림44. 롤과 컬을 곁들인 머리모양

그림45. 롤과 컬을 곁들인 머리모양

머리형은 퐁파두르형의 앞머리에 롤과 컬을 곁들인 것이 압도적으로 많았고(그림44, 45) 그 다음으로는 페이지 보이 웨이브로 시뇽의 배합인 것이었다.

그런데, 1946년 말경부터 프티 테이토(작은 머리)가 나타나서, 47년에 전성기가 되었다. 한편 전쟁후는 여성이 직장에 진출함에 따라, 헤어 스타일은 낮과 밤의 구별이 없어져 헤어 피스의 사용이 활발하게 되었다.

전쟁이 끝난 후 크리스찬 디올의 뉴 룩은 머리에서 발끝까지 패션을 바꾸어 놓았고 머리도 되도록 작게 보이도록 했다. 머리 모양은 두상에 딱 달라붙는 시뇽 형태였고(그림46), 모자는 작은 필박스나 베레모가 유행하였다. 뉴 룩은 기본적으로는 복고적 스타일로서 전쟁에 싫증난 여성들의 마음속에는 살기 좋았던 시대로의 향수가 내제되었던 것이라 말할 수 있다. 이러한 뉴 룩은 세미 쇼트시대를 출현시켰으며, 머리를 작게 정리하는 것이 주가 되었다.

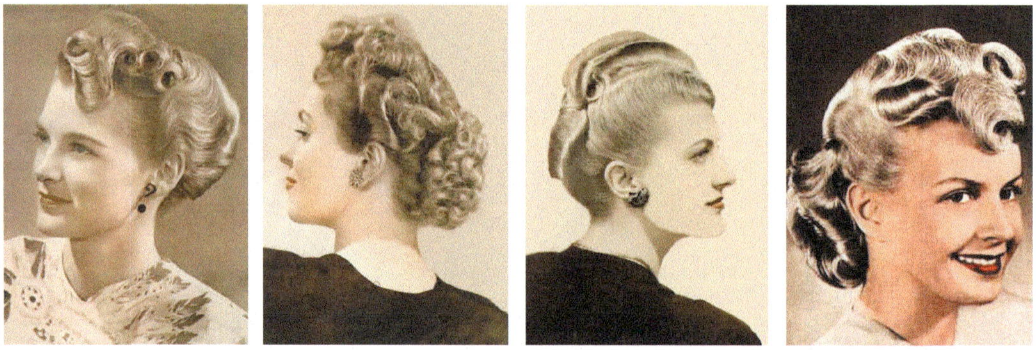

그림46. 시뇽 스타일

고대 그리스에의 향수도 유럽에서 생겨나 그리스형 헤어스타일을 선호하였다. 일반적으로 머리형은 광택이 있고 부드러운 파도형의 웨이브를 준 것과 목덜미 부분에서 위로 빗어 올린 머리, 또는 밑으로 뭉친 것, 그리고 긴 다발로 한 것이었다(그림47).

그림47. 그리스풍의 머리 모양과 올린 머리형

1940년대 후반의 헤어스타일은 더욱 더 부드러워졌고 손질하기 쉬웠으며, 긴 머리 스타일은 짧은 머리보다 늙어 보인다고 생각하기도 했다. 1949년 가장 극단적인 커트는 매우 짧은 머리카락이 귀의 앞쪽으로 빗겨지고 이마에서 불규칙한 모양을 한 픽시 커트(pixie cut)였다. 후반으로 가면서 다양한 머리스타일의 시대로 접어들게 된다(그림48).

페더 커트(feather cut)는 불규칙하게 자르는 방법으로, 머리에 새의 깃털과 같이 머리

그림48. 픽시 커트

주위에 불규칙하게 컬이 되어져 있는 것이다.

제2차 세계대전 후에 골드 퍼머넌트 웨이브와 염색(染髮) 크림인 콜레스톤이 새롭게 등장했다. 그리고 머리에 의상을 맞추는 것이 전후 모드의 하나로 되기에 이르렀다.

그림49. 1940년대의 웨이브 만드는 방법

6 1950-1959년

1) 사회문화적 배경

1950년대는 전쟁 후 미 · 소 대립을 축으로 하는 냉전체제, 즉 세력을 증대한 자본주의국 진영과 사회주의국 진영과의 적대적 상황을 배경으로 온갖 무기의 생산이 이루어졌고, 새로운 사회적 분업화와 세분화가 추진되기 시작하여 경제 발전과 자본의 축적 속도는 더욱 빨라졌다. 과학의 발전과 기술의 진보로 모든 물자가 풍부해졌으며 소비자 중심주의(consumerism) 사회가 도래했다.

그림1. 엘리자베스 2세

1952년에는 제2차 세계대전의 영웅 아이젠하워(Eisenhower) 장군이 미국 대통령에 취임하였고, 엘리자베스 2세의 대관식이 런던에서 거행되었다(그림1). 소비를 강조하는 경제 바람이 불기 시작하면서 미국에서는 신용 카드 제도가 처음으로 도입되었으며, 유럽 국가에서는 전쟁으로 폐허가 된 경제를 재건하는데 열중하였다. 영국에서는 배급제가 실시되고 내핍 생활이 강조되는 등 미국과 유럽은 경제적인 차이가 있었다. 가정용 전자 제품과 자동차 산업은 역사상 가장 큰 호황을 누렸고, 특히 1954년에는 미국인 7명 중의 1명이 TV를 소유하게 되었고 TV를 통한 광고가 대중에게 영향을 끼치게 되었다.

그림2. 엘비스 프레슬리

젊은 세대는 기성세대로부터 탈피하고자 하여 그들 특유의 패션과 음악, 영화, 카페 등 젊은이들의 문화를 이루었고 이것은 1950년대 중반부터 일반화 되었다.

이 때 유명한 가수로는 척 베리(Chuck Berry)와 로큰롤(Rock & Roll)로의 황제인 엘비스 프레슬리(Elvis Presley)가 있었다(그림2). 또한 말론 브란도(Malon Brando)(그림3)의 찢어진 티셔츠, 오토바이, 가죽 재킷, 커피 바, 주크 박스(juke box) 등이 인기 있었다.

그림3. 말론 브란도

그림4. 로마의 휴일(1953)

그림5. 사브리나 팬츠

영화로는 로마의 휴일(1953)에서 오드리 헵번(Audrey Hepburn)의 플레어드 스커트와 쇼트 헤어스타일(그림4) 그리고 사브리나(1954)에서 입은 발목이 드러나는 팬츠가 유행하면서 사브리나 팬츠로 불리며 전 세계 여성들의 상징처럼 퍼져 나갔다(그림5). 1956년에는 프랑스 출신의 여배우 브리지드 바르도(Brigitte Bardot)의 스타일이 유행하였고, 7년만의 외출에서 미국의 마릴린 먼로(Marilyn Monro)는 늘씬한 다리와 걸음걸이로 그녀만의 스타일을 유행시키기도 하였다(그림6). 청순한 이미지의 그레이스 켈리(Grace Kelly)가 주연한 이창(rear window)도 당시에 상당한 인기를 누렸다.

미국의 이러한 팝(Pop)문화와 영화예술 등은 특히 미국적 문화로서 세계에 영향을 미쳤는데 순수예술의 분야에서도 이때부터 미국의 역할이 커지기 시작했다.

그러나 이 시기의 경제적 풍요 속에는 획일화와 동질화의 양상이 자리잡고 있었으며 구성원 개개인은 집단윤리와 소속감을 강요하는 거대 조직사회의 한 부속으로 전락하고 있었다. 즉 20세기가 표방한 모더니즘(Modernism)은 기능주의를 기반으로 했기에 개인의 개성을 무시하고 모든 것을 기능위주로 단순화, 기계화 시켰다.

그림6. 마릴린 먼로

2) 패 션

50년대 패션은 2개의 커다란 조류가 있었다. 그 하나가 크리스찬 디올, 발렌시아가(Balenciaga), 지방시(Givenchy) 등 파리 오뜨 꾸뛰르 디자이너들을 중심으로 한 룩, 라인을 추구한 하이패션이었고(그림7), 다른 하나는 미국의 틴에이져 패션인 로큰롤 패션이었다. 지금까지의 패션은 기성 세대를 중심으로 한 하이패션이었지만 이 시기에 청소년 하위 문화가 등장하여 새로운 시장을 형성하게 되었다.

그림7. 디올의 컬렉션(1957)

디올은 50년대 하이패션을 이끌어간 주인공으로 50년대는 디올의 라인 알파벳 시대라 불릴 만큼 그가 창작한 작품이 계속해서 유행을 불러일으켰다. 즉 지그재그(zigzag)라인(그림8), 버티컬(vertica)라인(그림9), 튤립(tulip)라인, H 라인(그림10), A 라인(그림11), Y 라인 등이 그것이다.

그림8. 지그재그 라인

그림9. 버티컬 라인

그림10. H 라인

그림11. A 라인

반면 록큰롤 패션은 40년대 말부터 유행한 에드워드풍 스타일이 런던의 청소년들의 패션에 선택되면서 틴에이저 시장에 독자적인 패션이 등장하게 되었다. 에드워드풍의 스타일을 입은 영국의 청소년들은 테디 보이즈(teddy boys)라고 불리웠고(그림12), 이들은 신발 하나에도 일반인의 3~4주의 급료와 맞먹을 정도의 아주 비싼 옷차림을 했다. 또한 창백한 얼굴에 온통 검은색 옷으로 치장한 비트족(beats)도 여성스럽고 우아한 분위기의 상류층의 하이패션에서 점차적으로 젊은층을 대상으로 하는 영 패션으로의 전환을 가져왔다. 이것들은 세련된 하류층의 패션 아이디어가 패션 역사상 처음으로 유행을 타게 되어 상류층이 받아들이게 되는 계기가 되었다.

그림12. 테디 보이즈

파리가 세계 오뜨 꾸뛰르계의 리더로서 위상을 확고히 한 반면, 미국은 기성복 업계에서 가장 효율적인 생산성을 자랑했다. 상대적으로 전쟁 피해가 적었던 미국의 생산 라인은 설비에 대한 연구 개발과 합리적인 유통 과정을 통해 이윤을 증대하였고, 미국 디자이너들은 자국의 생산 기술과 연계한 창조적인 접근법으로 각광을 받았으며 뉴욕 7번가는 패션의 중심지로서의 확고한 자리매김을 했다.

그림13. 1950년대 새로운 여성의 이미지

3) 메이크업

1950년대에는 전쟁이 끝나고 남성들이 다시 사회로 돌아오면서 가정적이고 순종적인 여성을 바람직한 사회의 이상형으로 여기는 사회적 분위기가 형성되었다. 여성의 패션과 메이크업이 남성들에게 잘 보이기 위한 여성의 가치를 높이는 중요한 수단이 됨에 따라 성숙하고 우아한 이미지의 여성을 나타내는 메이크업이 유행하였다(그림 14).

그림14. 우아한 이미지의 여성

패션 컬렉션에서의 화장은 밝은 피부색, 진한 입술, 그리고 볼연지를 사용하지 않는 경향을 띠고 있었지만 그 당시 유행했던 메이크업 경향은 조각 같은 아름다움이 다시 대두되어 얼굴을 인공적으로 가꾸도록 유도했다. 이러한 얼굴은 1920년대에도 그랬던 것처럼 도전이나 자립의 표현이 아니라 순종의 표현이었다. 냉담하면서도 자제하는 듯한 사슴 같은 눈매의 여성스러움으로 50년대의 새로운 모습을 탄생시켰다.

1950년의 보그에 따르면, 화장 경향은 보다 밝은 피부와 어두운 립스틱을 발랐으며, 볼연지는 하지 않았다. 특징적인 것은 눈부분에 새롭게 액센트를 주는 화장법이 생겨나면서 화장품 시장은 마스카라나 아이섀도우, 아이라인용 펜슬 등 모두 음영을 내는 것과 관계가 있는 상품들이 넘쳐났다(그림 15, 16).

이에 따라 눈화장품의 판매율은 극적으로 증가하였다. 심지어 미국 달라스의

그림15. 1950년대 화장 경향

그림16. 보그(1950)

니만 마커스(Nieman Marcus)사는 1949년 일년 동안의 화장품 판매율을 1950년에는 2개월 만에 달성시키기도 했고, 눈 화장품을 전문으로 하는 작은 회사인 아시사(Aziza)의 판매액은 215%로 상승하기도 했다.

그림17. 아이섀도우와 매치된 코디

한편 1950년대의 아이섀도우는 그것을 바르는 사람에게 잘 어울린다는 것보다 지갑, 장갑, 모자 등과 잘 매치가 되는지가 훨씬 더 중요하기도 했다(그림17).

1950년대는 유행하는 짧은 헤어스타일에 맞추기 위해 전 시대에 비해 얼굴이 중요해졌으며, 당연히 눈에 관해서도 비중이 커지게 되었다. 즉 눈꼬리가 아몬드형이 되도록 눈 위쪽에 펜슬로 그렸으며, 눈꺼풀 위에는 평소 바르는 볼연지를 약간만 바르고 마스카라를 발랐다. 또한 가늘고 신비스러운 긴 눈썹 대신 두껍고 또렷하게 곡선적인 형태를 띠는 눈썹 모양으로 관능적이면서 생동감 있는 이국적인 표현 형태가 지배적으로 나타났다. 따라서 여성들의 화장은 입매를 강조하던 것에서 벗어나 두꺼우면서도 곡선을 이룬 눈썹과 아이 펜슬로 눈꼬리 부분을 치켜 올려서 눈썹과 눈만을 강조하였다(그림18, 19). 이를 위한 화장법은 40년대의 영화배우들의 메이크업을 기본으로 하였으며 입술은 상대적으로 흐리거나 엷은 분홍색으로 표현하기도 하였다.

그림18. 1950년대 화장법

그림19. 1950년대 아이라인 화장법

1950년대의 산업화의 촉진과 소비의 증가는 패션 산업 발달의 기폭제가 되었는데, 크리스찬 디올에 의해 나타났던 귀족적이면서도 과감한 알파벳형의 패션 스타일들로 인해 아이라인을 강조하고 입술을 붉게 칠하는 여성스러우면서도 인위적인 화장패턴이 유행하게 되었다. 이러한 여성스러우면서도 인위적인 유행은 사치상품의 소비가 많아지면서 더 널리 퍼지게 되었다. 전시에 외과 수술용으로 제작되었던 심이 부드러운 연필이 전쟁이 끝나자 눈썹 화장용 연필로 사용되는 등 전쟁 중 화약, 기술의 발전으로 새로운 화장품이 등장함에 따라 더욱 인위적인 화장법을 가능하게 했다.

이러한 인공적인 룩은 벨 에포크의 재현인 뉴 룩에 어울리는 필수적인 것이었고, 이 시대에 여성들은 남성이 부르기를 끊임없이 기다리고 있는 섬세한 꽃들과 같았다. '나를 건드리지 마세요' 라는 말은 눈에 보이지 않는 잉크로 1950년대의 모든 여성의 모습 위에 쓰여져 있었다. 패션은 마치 조각과 같았고, 메이크업은 그래픽처럼 패션과 조화를 이루었다. 이것은 어윈 블루멘펠드(Erwin Blumenfeld)의 유명한 1950년 사진 사슴의 눈(œil de biche (doe' s eye))에서 완벽하게 표현되었다. 즉 아주 뚜렷한 윤곽의 붉은 입술과 분명한 뷰티 스팟위에 다크 아이브로우의 대칭적인 아치형에 의해 강조된 완벽하게 커브진 사슴의 눈으로 표현했다(그림20). 이때 창백한 피부는 섬세한 손길로 그림을 그리기 위한 캔버스로써의 역할을 했다.

그림20. 눈 위의 뷰티 스팟

이처럼 입체적이면서 인위적인 화장을 하기 위해 화운데이션은 두껍게 발랐고, 케익형 콤팩트 파우더가 유행되었으며, 두꺼우면서도 여성적으로 곡선을 이룬 눈썹과 아이펜슬로 눈꼬리 부분을 치켜 올려 표현한 눈이 새로운 강조점이 되었다(그림21). 피부는 하얀

그림21. 눈 꼬리를 강조한 메이크업

핑크색상으로, 입술은 풍만하고 여성적이면서 또렷하게 표현되었다.

이와 같이 강렬하면서도 가식적인 눈 화장은 50년대 동안 계속되어졌다. 이러한 강한 눈화장은 눈썹과 눈만 강조하여 회색이나 녹색의 아이섀도우를 칠한 후 검은색의 아이라인을 진하고 길게 꼬리를 그려 야성적이고 정열적으로 표현했으며, 입술화장은 상대적으로 흐리거나 엷은 분홍색으로 표현하였다.

50년대까지는 영화 스타들의 모습이나 화장이 여성의 외모에 주도적인 영향을 주는 요소였다. 그 결과 인위적인 여성스러움을 강조한 화장과 의복이 확산되었으며 경제적인 부흥으로 인하여 새로운 부와 풍요로움이 생기게 되었다. 기술적인 혁신이 이루어지면서 과거 실용적인 것을 강조하던 풍조에서 벗어나 사치 성향의 상품 소비에 더욱 관심을 기울이게 되었다. 또한 50년대까지는 이상적인 여성미를 기준으로 획일적인 모방이 이루어졌다.

영화 로마의 휴일에서 오드리 헵번은 아이라인의 눈꼬리를 두껍게 하면서 꼬리는 약간 올리고, 눈썹은 두껍고 둥글게, 피부는 하얗게, 입술은 붉게, 볼터치는 핑크색

그림22. 오드리 헵번

계통으로 하면서 머리는 짧게 커트하여 여성스러움과 발랄함을 강조했다. 또한 영화 사브리나로 인해 두꺼운 눈썹 화장법이 50년대 화장법에 영향을 끼치기도 했다(그림22).

또한 마릴린 먼로는 풍만한 신체와 특이한 걸음걸이, 불안정한 목소리, 밝은 금발, 특유의 화장으로 성적 매력을 한껏 과시했다. 그녀의 빨간색으로 강조된 윤기 있는 입술은 당시 여성들의 선망의 대상으로 유행하기도 했다. 먼로는 아이섀도우는 강한 색을 사용하지 않았으나 아이라이너를 굵게 끝을 올려 그리고, 인조 속눈썹을 붙인 다음, 마스카라를 많이 칠했으며 눈썹은 두껍고 각이 지게 그렸다. 입술은 붉은색을 사용해 아웃 커브로 그렸는데 바세린으로 광택을 냈고, 그녀의 윤기 있는 입술은 일반 여성들에게도 유행되었다. 그녀의 이러한 관능적 이미지는 성이 상품화되는 상업적 분위기에 일조를 하였다(그림23).

그림23. 마릴린 먼로

1950년대와 1960년대의 전환기에 제일 주목을 받았던 배우는 프랑스의 브리지드 바르도였다. 그녀는 반항아적인 모습과 관능적인 모습이 같이 느껴지는 것이 매력으로서 50년대의 관능적인 이상형과 60년대의 반항적이면서도 자유로운 분위기를 보여 줌으로써 50년대와 60년대를 잇는 가교 역학을 했다.

브리지드 바르도는 피부를 하얗게 하고 눈썹은 야성적인 이미지가 살아나도록 자연스럽게 그렸으며, 아이섀도우는 녹색 등으로 진하게 바르고 아이라이너는 길게 눈 꼬리를 강조하여 그렸으며, 입술은 분홍색으로 섹시

그림24. 브리지드 바르도의 입술

하게 표현하였다(그림24).

그 밖에 주목받은 헐리우드의 스타로는 엘리자베스 테일러(Elizabeth Taylor)와 에바 가드너(Eva gardner), 소피아 로렌(Sophia Lauren) 등이 있는데 그녀들의 입체적이고 진한 화장이 전 세계적으로 모방되었다(그림25, 26).

그림25. 엘리자베스 테일러

그림26. 에바 가드너, 소피아 로렌

1950년대 중반이 되자 완벽하게 두꺼운 화장을 하던 헐리우드의 배우들은 내추럴 룩으로 바뀌었다. 이는 주로 잉글리드 버그만(Ingrid Bergman)이나 수입외국영화의 영향에 의한 것일 것이다(그림27). 눈과 눈썹에 액센트를 주었지만 파우더는 바르지 않았다. 입술은 보다 밝고, 머리는 보다 캐쥬얼하게, 예를 들면 주근깨와 같은 결점조차 때로는 남의 눈에 보이는 것이 허용되었다. 미국 여배우의 할로우풍 헤어스타일도, 크로퍼드 풍 입술

그림27. 잉그리드 버그만

도, 디트리히풍 눈썹도 모두 과거의 것이 되었고, 모든 사람들이 좋아하는 영화배우는 이웃에 살고 있는 여자아이와 같은 외관을 가지길 바랬다. 이처럼 다양한 스타들의 영향과 인공적인 색조 기술의 발달은 아이섀도우의 대중화를 가져왔으며 50년대 말에는 립스틱이 계절에 따라 다양하게 여러 가지 색상의 트렌드로 소개되었는데 그 중에 녹색과 은색을 비롯한 차가운 색이 인기를 모으기도 했다.

한편 파리 화장품은 만다린(mandarin) 메이크업을 창조해 냈는데 곧 그 영향은 확산되었다. 이것을 완벽하게 하고 싶은 사람은 눈썹의 바깥쪽 끝을 완전하게 뽑아서, 펜슬로 눈 꼬리가 위쪽으로 올라가도록 곡선을 그리기도 했다. 파운데이션에는 색조가 없어 창백하고, 눈꺼풀은 눈썹 위치까지 희고 두껍게 칠했다. 그리고 눈에는 눈썹선에 평행해서 눈 꼬리 쪽이 위쪽을 향하도록 아이라인을 그렸다. 파우더는 순백색이었으며, 윗입술은 작고 뚜렷하게 윤곽을 잡고, 아랫입술은 둥글고 육감적으로 연지를 발랐다. 그러나 이러한 방법으로 화장하는 여성은 거의 없었고 평상시 화장을 부분적으로 바꾸었다(그림28).

그림28. 만다린 메이크업

대부분의 여성은 화장품 중에서 심리적으로 립스틱에 큰 비중을 두고 있었으며, 이러한 립스틱의 중요성은 제2차 세계대전 중에 밝혀지게 되었다. 립스틱은 겨우 생활필수품밖에 구입하지 못하는 여유가 없는 사람들에게 없어서 가장 유감인 물건 리스트 중에서 상위를 차지하기도 했다(그림29, 30, 31).

1957년에는 칼립소(calypso) 리듬에 맞추어 원색 스타일이 나타나기

그림29 . 립스틱으로 강조한 메이크업

그림30. 헬레나 루빈스타인의 실큰 립스틱

그림31. 입술 화장하는 여성

시작했는데 이것을 바바(baiba) 리듬이라고 했다. 바바 리듬은 명쾌하게 결론지은 합리주의로서 의상에 제시된 것이 카리브(carib) 스타일이며, 여기에 병행된 카리브 화장이라는 것은 립스틱과 볼연지 등 붉은 것은 전혀 바르지 않고 눈썹과 눈에만 액센트를 준 화장법이다. 회색이나 그린의 아이섀도우를 바르고, 검은 펜슬로 아이라인을 강하게 넣었으며, 눈썹은 갈매기형으로 높게 그렸다.

화장품의 사용은 이제 어른에게만 한정된 것은 아니었다. 제1차 세계대전 전에는 만약 소녀가 실제로 페이스 파우더를 사용하고 있는 장면이 목격되었다면, 이것은 스캔들이 되어 금방 사교계에 번졌을 것이다. 물론 쇼걸이나 배우들의 경우는 예외였지만, 1920년대 이후에 화장품에 대한 새로운 경향이 나타났고 화장품 산업은 점점 더 크게 발전해 오고 있었다.

10대를 중심으로 하는 시장의 잠재적 가능성이 팽배해지고 있었으며, 이 당시 10대들은 적당한 용돈을 받았기 때문에 화장품을 생산하는 회사에서는 젊은 시장을 목표로 하는 타켓을 설정하기 시작했다. 이들 10대들의 화장은 아이브로우는 컬러 면에서는 다소 연해지고 폭은 넓어졌으며, 입술은 그다지 강하게 윤곽이 그려진 것이 아니라 더 부드러워졌다. 이 무렵 10대 소녀들의 화장에 대한 조사에서 14세 소녀의 경우, 2/3가 립스틱을 바르고 90%가 손톱에 매니큐어를 칠하고 있었던 것으로 나타났는데, 18%는 10세 이전부터 매니큐어를 사용하기 시작하였으며, 색에 대한 기호는 처음에는 선명한 빨강, 다음에는 중간인 블루 레드, 어두운 레드, 엷은 장미색, 그리고 선명한 장미색으로 바뀐다고 하였다(그림32).

그림32. 10대의 대표적 틴에이저 산드라 디

1951년에 영국 여성은 코티(Coty)의 런던 라일락 립스틱을 바르고, 찰스 오브 더 리츠(Charles of the Ritz)의 페이스 파우더를 각각 혼합해 사용했고(그림33), 사이클락스(Cyclax)의 뷰티 마스크를 10분간 얼굴에 발랐다. 또한 이 시대에는 장갑을 패션의 일부로 여겨 즐겨 착용하였다. 그러므로 자연히 손에도 신경을 쓰기 시작했고 이에 따라 손을 촉촉하게 하기 위해서 드 베리(DuBarry)의 샬리마 크림(crme shalimar)를 발랐으며, 손을 희게 하기 위해

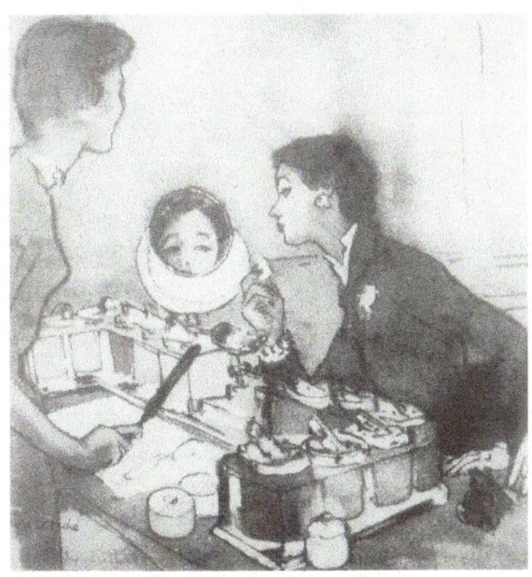

그림33. 찰스 오브 더 리츠의 페이스 파우더 블렌딩하는 모습

서는 손을 손목에서부터 천천히 돌려주기도 했다.

또한, 여성들은 전부터 사용해 오던 림멜(rimmel)의 분말상태의 바이올렛 오토밀(violet oatmeal)을 여전히 사용하고 있었다(그림34). 이것을 녹여서 사용하면 피부의 더러움을 제거해서 윤기 있고 매끄럽게 해주며 기미를 없애 준다고 생각했다. 림멜은 바이올렛 오트밀 페이스 팩이나 바이올렛 오트밀 비누도 만들었다. 화장품만으로는 자신의 요구를 충족시키기에는 부족하다고 깨달은 여성들은 핍코(pifco)의 진동 마사지기를 사용하기도 하였다(그림35).

그림34. 림멜의 제품패키지

전후 오뜨 꾸뛰르의 발표로 화장품은 패션 액세서리로 자리를 잡게 되었으며 여성들은 메이크업, 패션에 관심을 가지게 되었고 이 결과로 화장품 시장이 넓어졌다. 사용하던 화장품을 다 사용한 다음에야 새로 구입하였던 예전과는 다르게 여러 종류의 화장품을 구비하여 놓고 사용하게 되었다.

그것은 전후 새로운 과학의 진보로 다방면의 미용제품이 만들어졌고 세련된 광고와 시장 전략으로인해 상품의 판매가 늘어났다. 이 시기에는 여성을 대상으로 한 화장품 자체의 광고 속에서 여성의 미와 성적 매력의 상품화를 통한 소비 자극이 노골적으로 나타났다. 이 당시 여성들이 이전 시대의 여성들과 확연히 구분되는 점은 의상과 메이크업이 조화를 이루게 되는 경향을 보이게 된다는 것이다.

그림35. 핍코 전기 마사지기

화장품 회사에서는 제각기 크림을 발표하였고, 립스틱도 처음에는 세종류 정도였으나, 붉은색을 중심으로 진한 빨강에서 연한 빨강에 이르기까지 몇 종류의 립스틱이 만들어졌다. 그리고 다크 레드, 코랄, 랜틴 레드 등의 립스틱이 소개되었다

1953년 엘리자베스 아덴은 검은 벨벳을 면도칼을 이용해서 작은 솜털을 만들어 마스카라를 묻힌 브러시에 묻혀서 속눈썹에 사용하라고 제안하기도 했으

며, 헤리어트 허버트 에이너(harriet hubbard ayer)는 매끄러운 화장을 위해서 발포성 고무 스펀지를 파운데이션, 백분, 볼연지, 아이섀도우, 마스카라 등 거의 모든 것을 바르는데 사용하도록 했으며, 립스틱 조차도 스펀지로 바르라고 제안했다(그림36).

그림36. 헤리어트 허버트 에이너의 발포성 고무 스펀지 페이스 파우더

맥스 팩터가 1954년에 화장품시장에 공헌한 것은 이레이스(erace)라고 불리는 스틱형의 화장품으로, 눈 아래의 다크 서클이나 변색으로 생긴 피부의 얼룩을 감추기 위해서 사용되었다. 이것은 여성과 마찬가지로 남성에게 종종 이용되기도 했다.

폴란드에서 이민한 맥스 팩터는 가발 제조업을 하다가 헐리우드에서 배우들을 아름답게 꾸미는 일을 시작했다. 배우들이 그의 화장품을 스크린 위에서와 마찬가지로, 평상시에도 바르기 시작하면서부터 그는 미용업에 몸담았으며, 전 세계의 남녀를 위해서 가발을 만들고자 헤어를 다시 시작하기도 했다. 맥스 팩터가 거둔 가장 큰 성공은 팬 케이크 화장품(케이크 모양의 화장용 고형분(固形粉))으로, 1953년에는 천 만개 이상이 팔렸다.

1955년의 가장 새로운 화장품 재료는 여왕벌의 음식인 로얄 젤리였다. 과장된 광고나 가격(젤리가 든 크림이 1온스 15달러)때문에, 사람들은 피부에 미치는 로얄 젤리의 효과에 대해서는 아무런 의심도 하지 않았으며, 설령 다른 아무런 효과가 없다하더라도 고가이기 때문에 구입하였는데, 아마 값이 비싼 것이 좋은 물건이라고 생각했던 것 같다. 1956년에는 화장용품의 에어러졸(aerosol) 용기가 뉴스였으며 많은 화장품에 응용되기도 했으며, 파리의 미용사 앙뜨와느는 일본 가부키의 구마도리(분장할 때 청색, 홍색의 선을 그려 넣는 것)에서 힌트를 얻은 아이섀도우를 발표하여 호평 받기도 했다.

1958년 맥스 팩터는 핑크와 오렌지의 하이파이(hifi) 립스틱을 출시하였다. 이 립스틱은 핑크도 아니고 오렌지도 아닌 전 파리를 매료시키는 기발한 색상이며 부드럽고 감미로운 핑크에 선명하고 자극적인 오렌지를 더한 색으로 한 가지 색 속에 모든 것이 들어 있는 컬러로 대담하고 여성적이라는 문구로 광고를 했다(그림 37).

그림37. 하이파이 립스틱

화장품의 대부분은 엘리자베스 아덴, 헬레나 루빈스타인, 맥스 팩터, 레브론(Revlon), 폰즈와 같은 비교적 잘 알려져 있는 소수의 회사로부터 생산되고 있었다. 레브론은 끊임없는 신제품 개발과 구제품 개량을 위해 70명 이상의 화학자를 고용했으며, 화장품을 실제로 패션의 일부로 만들기 위해서 립스틱과 매니큐어가 모두 소모되는데에는 오랜 시간이 걸린다는 사실을 알고 새로운 색을 6개월마다 한번씩 발표하기 시작했다. 헬레나 루빈스타인은 수련 주스나 인간의 태반 엑기스와 같은 이국적인 원료를 화장품에 사용했고, 에스티 로더(Estee Lauder)는 세계에서 가장 비싼 미안료에 거북이 기름을 사용하였다(그림38).

엘리자베스 아덴은 간호사가 되려고 공부했지만, 1910년에 자신의 미용실을 개설하였다(그림39). 그것은 헬레나 루빈스타인이 오스트레일리아에 콜드 크림을 가지고 나타난 지 8년 후의 일이었다. 그리고 1958년까지 화장품, 미용체인점을 운영하며 일년에 대략 1500만 달러의 판매율을 지속적으로 유지해 나갔다.

그림38. 에스티 로더

그림39. 엘리자베스 아덴

남성용으로 만들어진 면도용 화장품이나 탤컴 파우더(talcum powder, 활석 가루에 붕산말 · 향료 등을 섞은 것)는 많은 종류가 있음에도 불구하고, 판매가 증가하는 것은 아니었으며, 여성으로부터 선물을 받더라도 대부분 사용하지 않았다(그림40). 왜냐하면 사회적 관습의 영향으로 화장품에 대한 습관은 남성들 사이에서는 여성만큼 정착되지 못했다. 한 가지 예로 남성용 화장품이 아닌 남성용 세안 · 면도용 화장품이라고 부르기도 했다. 그러나 수용되는 범위 안에서 판매되는 종류는 점점 증가해 갔다.

미국의 남성들은 급증하고 있는 몸치장에 대해 침묵을 지키고 있다가 1953년경부터는 남성들이 여성들보다 몸치장에 많은 돈을 사용하기 시작했다. 여기에는 이발, 면도, 샴푸뿐 아니라 매니큐어, 얼굴 마사지, 두피 마사지가 포함되고 있었다. 1957년에는 여성용과는 외관만 다른 남성용 미용실이 나타나기 시작했으며, 뉴욕의 남성 미용실은 진흙팩(미안팩), 마사지, 염모 등으로 인기를 끌고 있었고, 스킨 크림은 가정용으로 판매되고 있었다. 미국의 남성들은 향료가 들어있는 면도 크림이나 화장수에 연간 2700만 달러를 소비하고 있었다. 그 총액은 여성의 소비액의 1/3보다 아주 조금 적을 뿐이었다. 그러나 용량으로 계산하면 남성이 더 많이 사용하고 있었다. 방취제, 이발 제품, 면도 로션을 사용하는 남성의 비율은 해마다 눈부시게 증가하고 있었다. 그 뿐 아니라, 수염용 왁스가 재등장하고 있었다.

그림40. 남성용 탤컴 파우더

그림41 . 1950년대 태닝 로션 광고

4) 헤 어

1950년대 이후 서구사회는 과학과 기술이 도약적으로 발전해 정치적 안정과 경제적 풍요로움은 대중들의 힘을 크게 했다. 이때부터 대중들이 사회 제반 권위에 대한 반항으로 자신들의 목소리를 높여 민주주의가 뿌리를 내리게 되었다.

1950년대 헤어 스타일은 입체감을 충분히 살리고 풍부한 웨이브를 강조한 머리모양(그림42)과 40년대에 이어서 크리스찬 디올의 뉴 룩의 영향으로 가능한 한 작은 머리로 표현하였다. 짧은 머리가 인기를 끄는 한편 긴 머리를 자연스럽게 뒤로 빗어 올린 프렌치 스타일(french style)이 젊은 여성들 사이에서 각광을 받았으며, 10대 후반부터 20대 초반의 소녀들은 말꼬리 모양의 포니 테일 스타일(pony tail or horse tail)에 리본을 묶은 헤어스타일이 유행하였다(그림43). 또한 옆 가르마에 올백을 하고 끝 부분에 자연스럽게 안으로 말은 페이지 보이 보브 스타일과 중간 부분에서 끝 부분으로 가면서 입체감이 강조된 굵은 웨이브 스타일도 유행했다(그림44).

그림42. 웨이브를 강조한 머리

그림43. 포니 테일 스타일

그림44. 페이지 보이 보브 스타일

1950년대에는 이전 시대에 비해 스커트가 점차 짧아지기 시작하면서 머리 또한 짧아지는 경향이 나타났으며, 젊은이들 사이에는 미국 영화배우의 머리스타일이 유행했다. 영화 로마의 휴일에서 짧은 머리의 오드리 헵번이 한 머리형은 실은 이탈리안 보이(italian boy)라 하는 머리형으로, 경쾌하고 보이쉬 한 짧은 느낌의 픽시 커트를 한 것이다(그림45). 앞 이마를 드러낸 긴 머리 스타일에만 의존했던 이 당시 여성들에게 너무나 깜찍하고 도회적인 스타일로 비춰지면서 신선한 충격을 주었다. 또한 사브리나에서도 머리가 짧아짐에 따라 머리의 허전함을 보완하기 위해 이어링의 유행이 생겨나기도 했다.

그림45. 오드리 헵번의 픽시 커트

이처럼 쇼트 헤어는 50년대를 통한 유행이었다. 전체를 짧게 커트한 것과, 뒤를 조금 길게 한 것 등이 있었다. 그러나 밤에는 목 부분까지 내려오는 길이의 머리를 선호했기 때문에 가발을 사용하는 것이 유행하기도 했다. 당시 쇼트 컷용으로 당시 숍레스(soapless) 샴푸가 많이 사용되게 되기도 했다.

그러다가 1953년 말 경부터 롱 헤어의 아름다움을 동경하는 기운이 일어나, 1955년부터 56년에는 완전히 롱의 시대가 시작되었고, 부팡 스타일(bouffant style: 부풀었다는 의미)로 불리워졌다(그림46). 19세기의 머리형에서 보여진 스타일로 처음에는 비하이브(beehive: 벌집)스타일을 짧게 한 느낌에서, 점차적으로 쇼트에서 안으로 말은 페이지 보이 스타일로 옮겨갔다.

그림46. 부팡 스타일

1958년에는 짧은 커트 스타일인 세시 컷과 옆과 위를 짧게 자른 머리형으로 브러쉬 컷이라고 불리던 크루 컷도 유행하였다(그림47). 이 시기에는 머리 모양이 다양해졌으며, 퍼머를 하여 부풀린 형태와 머리를 층지게 자르는 일명 양파 컷이라는 머리모양이 유행하였다(그림48). 이로 인해 커트의 기법이 발달되었고 웨이브가 유행을 하였다. 또한 머리를 꼭 붙게 시농을 하거나 머리카락을 약 4cm 길이로 똑같이 잘라서 느슨하게 컬을 한 푸들 컷(poodle cut), 이마와 볼부분에 납작하게 붙인 곱슬 애교머리 스타일도 유행하였다(그림49).

그림47. 브러쉬 컷 또는 크루 컷

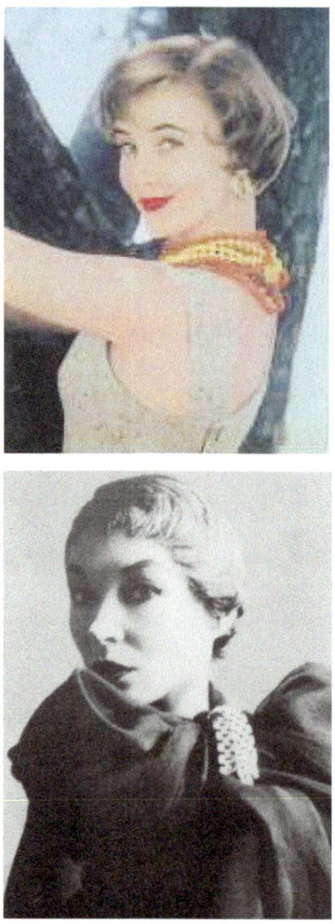

그림48. 양파 컷

그림49. 푸들 컷

짧은 헤어 스타일이 조금 길어지면서 버블(bubble) 스타일로 바뀌었는데 이것은 3인치 정도의 머리카락 길이를 큰 롤로 감아서 만든 둥글고 솜털같은 모양의 스타일이다. 1950년대의 대표적인 배우인 마를린 먼로가 이 스타일의 전형이었다(그림50). 또한 프렌치 트위스트(french twist) 형도 유행하였다. 또한 프랑스 배우인 브리지드 바르도의 머리카락을 고의로 흐트린 단정치 못한 스타일과 블론드 컬러의 높은 포니테일 스타일은 10대들에게 수용되어 많은 사랑을 받았다(그림51, 52).

그림50. 마릴린 먼로의 버블스타일

그림51. 브리지드 바르도의 흐트러진 머리

그림52. 브리지드 바르도의 포니테일 스타일

대부분의 여성들은 머리를 망가뜨리지 않기 위해 크기가 작은 다양한 스타일의 모자를 쓰거나 장방형의 스카프를 썼다. 벨벳으로 만든 모자에 깃털장식을 하고 터번형으로 주름을 잡거나 드레이프시켜 피라밋처럼 높게 만들고 깃털을 꽂은 모자들도 있었다. 그리고 벨벳 천으로 만든 챙이 있는 모자를 한쪽으로 기울어지게 쓰기도 하였고 필박스형의 모자를 쓰기도 하였다(그림53, 54, 55).

그림53. 작은 크기의 모자

그림54. 스카프로 연출한 머리

그림55. 터번을 두른 머리

7 1960-1969년

1) 사회문화적 배경

1960년대는 사회적으로 제2차 세계대전 이후의 베이비 붐(baby boom)세대가 청소년층으로 등장하여 전체 인구의 높은 비율을 차지한 시기였다. 다수의 젊은이들은 부모세대와는 다른 여유로운 분위기에서 소비의 주요계층으로 성장하였고, 이러한 젊은 계층들은 생동감 넘치는 격변의 60년대(swinging sixties)를 탄생시켰다.

민주주의가 발전하면서 약자에 대한 생각이 점차 바뀌게 되어 소수의 중요성이 부각되고, 차별에 대한 이데올로기도 논쟁 대상이 되었다. 특히 미국 내에서는 흑인의 권리를 되찾자는 운동이 뒤따랐는데, 마틴 루터 킹(Martin Luther King), 휴이 뉴턴(Hui Newton), 말콤 엑스(Malcom X)등의 흑인 세력의 부상이 사회적 관심사로 떠올랐다(그림1). 미국의 케네디(Kennedy)의원이 48세의 젊은 나이로 대통령에 당선되면서(그림2) 젊은이들의 우상이 되었고 재클린 케네디(Jackline Kennedy)여사는 여성해방운동과 패션에 큰 영향을 미쳤다.

그림1. 말콤 엑스

그림2. 케네디 대통령

또한 이시기는 민주주의와 공산주의의 이데올로기가 심화되었으며, 특히 미 · 소간의 관계는 쿠바(Cuba) 사태로 심화되었고, 중국에서는 문화혁명이 전개 되었다. 베트남전은 미국 내에 사회 혼란을 가져와 청년 세대의 반전 운동으로 신좌파와 히피(hippie)를 탄생시켰다(그림3). 이들은 자연주의로의 회귀를 추구하며 물질만능과 성공지향적인 가치관

그림3. 히피들의 모습(1968)

에 대한 반항의식이 생겨나 머리모양, 복장, 습관, 사고방식 등 생활양식의 변화를 가져 왔다. 대지로 돌아가자는 이러한 정신이 생태 운동의 성장을 촉진했으며 미국과 영국에서 수공예 전통을 부활하는 계기가 되었다.

예술 · 문화적 측면에서는 모더니즘의 반동으로 나온 포스트모더니즘(Postmodernism), 후기 구조주의, 해체주의 등 전 시대의 이론에 반하거나 변형시킨 사회이론들이 본격적으로 등장하기 시작하였다. 초반까지는 엘리트적 이론인 기능주의, 모더니즘등이 주된 사상으로 사회전반에서 영향력을 발휘했으나, 후반에 이르러서는 모더니즘에 대한 반대와 회의가 제기되었고 새로운 논의가 시작되면서 복고주의 · 절충우의적인 디자인이 새롭게 등장하였다.

이 시기는 옵 아트(Op Art), 팝 아트(Pop Art), 미니멀리즘(Minimalism)과 같은 현대적 감각의 새로운 예술 사조가 젊은 예술가들 사이에서 크게 성행했다. 옵아트는 영어의 옵티컬 아트(Optical Art)의 약칭으로 여기서 옵티컬은 단순히 본다는 의미의 비쥬얼(visual) 보다는 협의(協議)의 의미로 시지각의 원리에 근거를 둔 추상적, 기계적인 형태의 반복과 연속 등을 통한 시각적 환영, 지각, 그리고 색채의 물리적 및 심리적 효과와 관련된 것이다(그림4, 5, 6).

팝 아트는 현대 산업사회의 특징인 대중문화 속에 등장하는 이미지를 미술로 수용한 사조로서 예술성 자체의 의미라기 보다는 광고, 산업디자인, 사진술, 영화 등과 같은 대

그림4. 빅토르 바사렐리(1956)

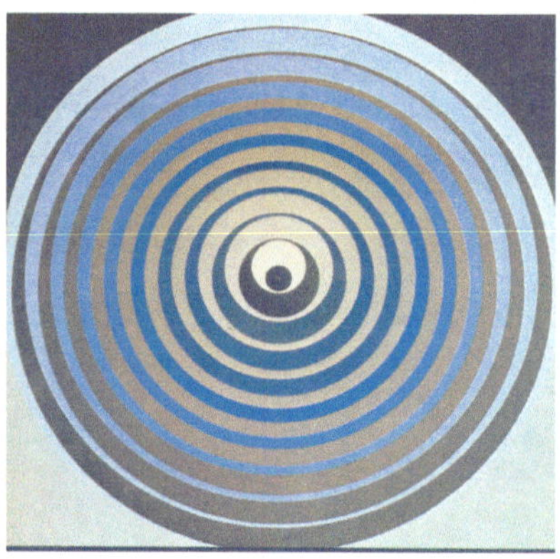

그림5. 빅토르 바사렐리(1968)

그림6. 복식에 표현된 옵아트

그림7. 앤디 워홀, 마릴린 먼로(1962)

그림8. 미니멀리즘

중예술 매개체의 유행성에 대한 새로운 태도에 대한 것이다. 특히 도시문화의 단면으로 통속적인 문화나 상업적인 문화를 가리킨다(그림7).

미니멀리즘은 1960년대 후반, 미국의 젊은 작가들이 최소한의 조형 수단으로 제작했던 회화나 조각을 가리키며 최소한의 예술이라고 부르기도 한다(그림8).

따라서 추상적이고 대담한 무늬의 사용, 강렬한 색의 배합과 기하학적 무늬로 특수한 시각적 효과(optical illusion)를 노린 것 등 패션에서도 그 영향이 나타났다(그림9).

그림9. 복식에 표현한 팝 아트

TV나 영화 등 매체의 발달로 대중문화가 확산되면서 젊은이들의 우상에 대한 요구로 음악이나 예술, 문학 전반에 걸쳐 대중 스타들이 출현하게 되었다. 특히 가수들은 평화를 염원하는 가사와 자유로운 사상으로 전 세계 젊은이들의 선망의 대상이 되었으며 많은 영향을 끼치게 된다. 1960년대에 등장한 비틀즈(Beatles)와 롤링 스톤즈(Rolling Stones)는 젊은이의 문화를 확장시키는 계기가 되었으며, 젊고 활발한 대중 음악, 트위스트 춤과 그들의 패션이 전 세계를 휩쓸었다.

대중 문화의 급속한 발달로 60년대 중반 이후 3C(Color TV, Car, Cooler)시대가 도래했으며, 1969년에는 미국 아폴로 11호가 인류 최초로 달 착륙에 성공함으로써 과학 혁명의 시대가 열렸다.

2) 패 션

미국과 유럽에서는 10대들이 수입을 갖게 되면서 시장이 형성되기 시작했으며, 이러한 젊은층의 소비력은 레져, 특히 음악과 패션으로 집중되었다. 이같은 시장의 성장은 패션 제조업계와 마케팅에 지대한 영향을 미치게 되었다.

그림10. 마리 퀀트

1960년대 초에는 파리 오뜨 꾸뛰르의 아성에 도전하게 될 새로운 영국 패션 디자이너가 등장했는데 바로 마리 퀀트(Mary Quant)였다(그림10). 그녀가 디자인한 의상의 핵심은 스커트 길이가 아주 짧아졌다(mini skirt)는 것으로 그 의상을 입었다는 자체만으로도 패션의 선구자임을 의미했다(그림11). 퀀트는 영국 기성세대를 연상케하는 고루하고 격식을 차리는 것들을 거부하고 입기 편하고 계층을 초월한 재미있는 옷을 만들었다. 미니 스타일을 가장 멋있게 입었던 모델은 트위기(Twiggy)로 가냘픈 몸매와 천진난만한 모습으로 선풍적인 인기를 받았다(그림12). 트위기는 이 시대 최고의 이상형 이었으며 10대 소녀세대에 있어 꿈이자 쇼크였으며 때때로 급격한 다이어트로 인한 질병을 얻으면서까지 그녀를 닮으려 애썼다. 또한 트위기는 국제적인 명성을 얻은 최초의 패션모델이기도 했는데 1980년대 후반에 부각된 슈퍼 모델의 발판을 마련하였다.

그림11. 미니 스커트(1967)

그림12. 트위기의 모습(1967)

파리 디자이너 앙드레 꾸레주(Andre Courreges)의 미니 채용은 세계적으로도 유행하게 만들었다. 꾸레주의 의상은 토털 룩(total look)을 지향하는 여성들에게 가장 매력적으로 보였다. 우주복과 우주선뿐만 아니라 스포츠웨어에서 영감을 얻었던 그는 흰색과 은색을 좋아했는데 그에게 흰색은 젊음과 낙관주의의 상징이었다.

1960년대 문화 전반에 우주비행이 스며들었으며 패션도 그 영향으로부터 벗어날 수 없었다. 이러한 우주시대 패션은 플라스틱 같은 인조섬유의 출현으로 인해 울이나 실크, 면 같은 전통적인 소재를 더 이상 필요로 하지 않았다. 특히 베시 존슨(Betsey Johnsons)의 투명한 비닐 미니 드레스는 없어서 못 사는 아이템이었다(그림13).

파코 라반(Paco Rabanne)은 작은 플라스틱, 메탈 조각을 연결해 의상을 만들었고, 절단기와 펜치를 사용해 제작하는 이러한 의상은 겉모습이 우선이었고 편안한 착용감은 뒷전이었다. 이러한 라반의 의상은 1960년말 컬트적인 지위를 획득했다(그림14).

또한 이브 생 로랑(Yves St.Laurent)은 몬드리안 룩(mondrian look)을 내놓아 현대 추상회화를 패션에 도입했으며, 이 드레스는 1960년대를 상징하는 아이콘으로 남았다(그림15).

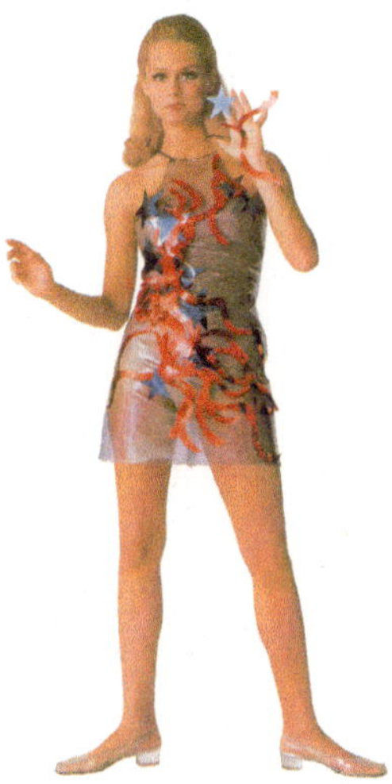

그림13. 비닐 미니 드레스

그림14. 파코라반의 금속소재 드레스(1966)

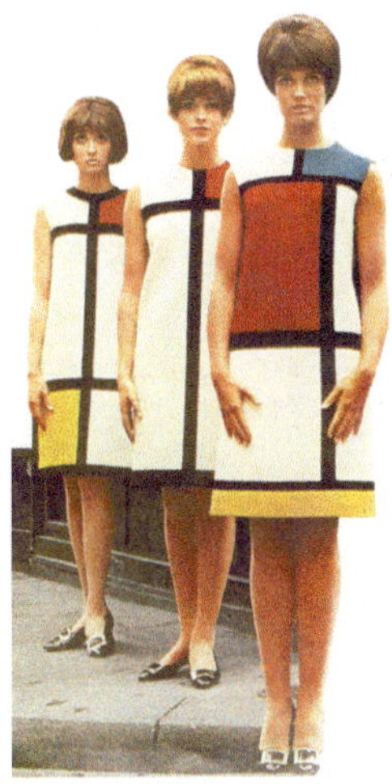

그림15. 몬드리안 룩

지방시도 젊고 우아한 여성을 위한 디자인에 탁월했으며, 고급스러운 전통에 뿌리를 둔 지방시는 대중적인 요소를 피하고 고전적이고 세련된 스타일을 완성시켰다. 오드리 헵번은 그의 의상에 매료되어 1953년의 만남 이후 단골 고객이 되었다. 1953년과 1979년 사이 헵번이 출연한 영화 중 16편의 의상을 디자인했으며 티파니에서 아침을(breakfast in tiffany)에서의 의상이 가장 유명하다.

한편 미국의 루디 건릭(Rudi Gernreich)은 토플리스(topless) 수영복을 발표하여 화제를 모았다(그림16).

재클린 케네디는 미국의 영부인이 되면서 즉시 패션계의 리더로 부상했다. 그녀는 지위에 어울리는 다양하고 인상적인 의상을 소화해냈으며, 3년간 재클린은 미국의 베스트 드레서 명단에 올랐고 장식 없이 깔끔한 단색 의상을 유행 시켰다. 미국의 젊고 부유한 사교계 여성들은 재클린 케네디의 세련된 단순함을 모방했다(그림17).

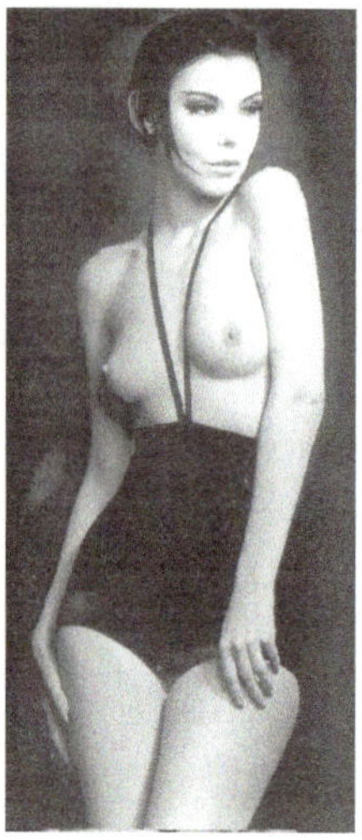

그림16. 토플리스 수영복

그림17. 재클린 케네디

스트리트 스타일(street style)은 젊은이의 자기 표현으로 젊은이들의 열정과 자아 정체성, 집단의식을 나타내는 강한 언어이며, 스트리트 스타일은 주류 의상이나 중고 의류를 변형시키고 장식하여 특정집단의 표시하는 수단이었다.

그 중의 하나인 모즈(mods)는 구식패션에 대항한 것으로 60년대에 시작되었다. 무채색의 흑과 백, 무늬가 없고, 샤프하며 타이트하고 도시적이며 이국적이며 기계적인 룩을

그림18. 비틀즈의 모즈 룩

그림19. 히피 스타일의 비틀즈

지향하였다. 모즈는 팝뮤직과 모던 재즈, 락앤롤을 좋아했으며 장식적이지 않으며 가늘고 매끈한 차림이었다. 당시 최고의 스타였던 비틀즈는 대중 음악을 혁신했고, 데뷔초기 모즈의 훌륭한 모델이 되어 패션리더의 역할을 하였다(그림18).

1967년에 나타난 히피는 구세대의 생활양식뿐 아니라 정치와 기본적인 사회 경제적 구조에 대해서도 문제를 제기했다. 따라서 히피 의복은 세계주의, 다문화주의, 평화, 자유연애와 마약의 경험과 같은 변화하는 신념의 혼란에 대한 충실함의 표시였다(그림19).

그림20. 1960년대의 인조 속눈썹

3) 메이크업

20세기 후반인 1960년대는 이른바 젊은이의 시대로 획일적인 메이크업에서 벗어나 미에 대한 가치 개념의 변화로 다양성과 개성이 중요시되었고 무조건 따라 하는 20세기 전반기의 분위기에서 벗어난 메이크업이 나타난 시대였다(그림21). 특히 아방가르드의 색채가 화장품에 이용되었고 파리의 상류계급에서는 디올, 올랑(Orlane), 랑콤(Lancome)등에서 이러한 색이 인기가 있었다.

그림21. 1960년대 화장법

젊은 세대들은 소비력이 큰 주요한 구매 세력으로 떠올랐으며, 업계는 이들 세대의 시장을 점유하기 위해 많은 제품을 개발하고 다양한 트렌드를 제시했다.

디자이너 마리 퀀트는 틴에이저를 위해 비용이 적게 드는 리틀 걸 룩(little girl look)과 매치되는 화장스타일을 제시하였다. 어린애 같은 싱그러운 피부를 강조하는데 중점을 두었으며 화장도구와 화장품을 넣는 예쁜 장식의 페인트 박스(pant box)는 십대들 사이에 큰 인기를 끌었다. 역시 화장품업계도 십대들을 위해 깨끗한 피부와 풍성한 아이래쉬(eyelashes), 가짜 주근깨(false freckle), 장미빛 볼 등 젊음이 돋보이는 주버나일룩(juvenile look)을 틴에이저 스타일로 만들어냈다.

그림22. 아이와 같은 외모의 메이크업

마리 퀀트는 피부 빛이 확실하게 아기피부처럼 완벽하게 보이도록 하기 위해 메이크업이 이전보다 더 중요하다고 주장하기도 했다. 이런 그녀의 영향 아래 젊은 영국 여성들은 아무것도 바르고 있지 않은 것처럼 보이는 화장법을 배우기도 했다. 이때 립 컬러는 금지된 것이었고, 약간의 글로스(gloss)가 입술에 적합했으며 아이 같은 외모를 만들어 주었다. 그렇지만 눈은 아주 달라야만 했다. 눈에는 아주 많은 컬러를 바르는 것이 허용되어서 완성된 모습은 마치 아이처럼 보이는 순진한 모습이었다. 즉 다양한 아이섀도우 컬러와 눈 위와 아래의 어두운 라이너, 몇 겹의 마스카라, 그리고 인조 속눈썹이 기본 도구였다(그림22).

그림23. 페넬로페 트리

영국의 세 명의 톱모델 중의 한 명인 페넬로페 트리(Penelope Tree)가 더 긴 속눈썹을 그녀의 눈꺼풀에 붙여서 그녀의 작은 삼각형의 얼굴을 마치 거꾸로 된 것처럼 보이게 만들어, 소녀들의 얼굴은 우스꽝스럽게 보여졌다(그림23).

그림24. 뉴트라 톤 피부화장과 메이크업

마드모아젤(Mademoiselle)에 따르면 자연스러운 색상의 뉴트라 톤(neutra tone)이 시장에 선보였고, 이 제품은 피부에 아름다운 투명감을 준다고 했다(그림24). 랑콤은 1960년대 초기의 유행으로서 브라운과 베이지의 아이섀도우를 발표해서 브라운과 흰색, 회색의 크림을 선보였고, 이러한 내추럴 룩은 진한 화장에 대한 반동으로서 종종 등장하였으며, 1961년에 유행하기도 했다. 파리에서는 브라운계열의 립스틱이 최초로 선보였고 밝은 또는 어두운 색, 황갈색 또는 적갈색을 띤 것, 모래색 또는 시나몬 색을 띠는 것도 있었다. 이러한 립스틱을 이용한 화장법은 윗입술의 윤곽을 눈에 띠지 않게 하고, 입의 양끝은 약간 위를 향하는 느낌으로 부드럽게 원을 그리듯이 그렸다.

1961년 새로운 가을 화장법으로 좀 더 소프트한 아이섀도우가 등장하였다. 처음에는 코의 양쪽에 바르고, 다음으로 위쪽 눈꺼풀 위의 움푹 들어간 부분에 특히 진하게 바른다. 이것은 무대화장에서 노인의 눈을 만들기 위해서 이용된 방법과 기본적으로는 같은 방법으로 립스틱 컬러는 눈에 띠는 색깔로 하고(poppy pink, vermillion, clovery mauve),

그림25. 화장패턴(1961)

윗입술 양끝을 약간 올리는 느낌으로 하여 항상 미소 짓고 있듯이 그렸다(그림25)

1961년부터 2년경에 걸쳐서 이집티안 룩(egyptian Look)의 메이크업이 유행하였는데, 이것은 엘리자베스 테일러 주연의 영화 크레오파트라(Cleopatra)에서 보여준 것으로 미셀 카잔(Michel Kazan)의 아이디어에 의해 만들어 진 것이다. 검은 머리와 긴 눈, 새빨갛게 한 입술이 특징적인데 눈썹은 진하고 큼직하게 그리고, 눈가에는 굵고 검은 아이라인과 위쪽 눈꺼풀에는 나일 그린(nile green, 청색을 띤 담녹색) 아이섀도우를 발라서 흰색으로 하이라이트를 주었다. 속눈썹은 마스카라로 검게 하고, 아랫입술은 윗입술보다 두껍게 칠했다. 이처럼 이집티안 룩은 그 자체로는 압도적인 인기를 얻지 못했지만 전반적인 화장 동향에는 영향을 주었다(그림26, 27).

그림26. 엘리자베스 테일러의 클레오파트라 메이크업

그림27. 이집티안 룩의 메이크업

헬레나 루빈스타인은 1962년에 더 데이 오브 뷰티(the day of beauty)를 오픈 했으며, 65달러만 내면 고객들에게 다이어트, 휘트니스(fitness) 시간, 마사지, 점심, 얼굴 마사지, 샴푸와 세팅, 매니큐어, 패티큐어 등 완벽하게 메이크업한 얼굴을 만들어 주었다. 그 전체 과정은 6시간이 걸렸고 주말을 준비하기 위한 완벽한 방법으로써 미국의 직업여성들에게 열광적으로 수용되었다.

1963년의 새로운 뉴스는 볼연지를 얼굴전체에 바르는 것이었다. 일반적으로 블러셔(blusher)라고 불린 새로운 볼연지는 액체타입, 적신 스펀지로 바르는 병에 든 거품상 크림타입, 튜브에 든 페이스트, 브러시로 바르는 고형 브러시 온(brush on) 타입이 있었다. 미묘한 색조로 피부에 자연스럽게 펴서 발랐으며, 이러한 블러셔는 자연스럽고 생기 있는 건강한 얼굴색으로 보이게 하는 효과를 노리고 있었던 것 같다(그림28, 29). 레브론의 브러시 온 케이크(blush on cake)는 털이 많고 뭉뚝한 브러시로 바르는 고형 볼연지를 선보였으며, 이것이 가장 사용하기 쉬웠으므로 일반적으로 가장 널리 이용되는 볼연지였다.

그림28. 볼연지 화장

그림29. 볼연지 화장

한편 60년대 초의 미국에서는 젊은 나이에 퍼스트 레이디가 된 재클린 케네디가 30대의 매력을 한껏 발산하며 전 세계의 유행에 영향을 끼쳤다. 그녀는 특유의 의상 스타일, 헤어스타일과 함께 깨끗한 피부, 진한 마스카라로 강조한 눈 화장, 황갈색(tawvy)의 립스틱을 사용함으로써 건강하면서도 고상한 그녀 자신의 이미지를 유행시켰다(그림30).

그림30. 재클린 케네디

60년대 이후 광고 전반에 대담한 성적 표현이 사용되면서 외모를 꾸미는데 메이크업이 필수적인 수단이 되

그림31. 브리지드 바르도

었다. 브리지드 바르도는 50년대에 이어 60년대에도 진한 눈 화장에 마스카라와 속눈썹으로 눈을 과장되게 강조하였으며 입술은 윤곽만 뚜렷하게 만들고 투명색이나 엷은 색을 발라 육감적인 모습을 보였다(그림31).

60년대 중반으로 갈수록 장식화 되고 상업주의적 패션 산업의 영향으로 화장은 더욱 극단적이며 대담하게 전개되었다. 이 시기의 모델 트위기는 가장 전형적으로 표현되는 젊고 깨끗한 외모에 공헌을 했으며, 영국인들이 부르기 좋아하는 돌리 버드(dolly bird, 젊고 매력적인 여자)를 뜻하였다.

말괄량이 같은 짧은 헤어스타일, 반짝반짝 빛나는 핑크빛 입술, 그리고 속눈썹 위에 메이크업하여 훨씬 더 인상적으로 만들어진 둥글고 맑은 티 없는 눈망울로 스윙 런던(swingin london)을 집약적으로 보여주었다(그림32).

그림32. 모델 트위기

짧고 달라붙는 치마에 검정색 가죽으로 된 긴 부츠의 패션과 어두운 색으로 강하게 강조한 눈, 창백한 입술 화장으로 초연함, 염세, 냉철함을 동시에 나타내는 특이한 분위기를 연출하였다. 이렇게 1960년대에는 어딘가 조화되지 않고 부자연스러우나 특이한 매력을 지닌 여성들이 주목을 받았다.

1964년의 빅 뉴스는 기발한 인조 속눈썹이었다(그림33). 크고, 아름답고, 반짝거리고, 진짜와 똑같은 인조 속눈썹은 쾌활한 느낌의 엷은 색의 립스틱과 얌전하게 붉게 물들인 볼과 잘 어울렸다. 이 화장법은 먼저 브라운, 블루, 그린, 그레이, 골드가 들어간 블랙과

그림33. 인조 속눈썹

같은 검은색 마스카라를 바르고, 다음으로 속눈썹을 펴서 모양을 정리하고, 마지막으로 한 가닥 한 가닥 인조 속눈썹을 붙인다. 이 인조 속눈썹은 3주간 지속되는 효과가 있었고 보통은 평범한 가늘고 긴 인조 속눈썹을 붙였다. 가장 고가인 인조 속눈썹은 밍크, 검은담비, 바다표범, 또는 인모로 만들어졌고, 이것을 좋아한 사람은 한 번에 세 개나 붙이고 있었으며, 두 가지색으로 된 속눈썹도 있고, 트위드(tweed)와 같은 다색 효과를 노린 속눈썹도 있었다. 또한 두 가지의 다른 색으로 만든 이중 인조 속눈썹도 있었다. 속눈썹 길이를 늘리는 도구(lash lengthener)는 막대 모양 마스카라가 발전한 것으로 사용법은 마스카라와 같았다. 레브론 제품은 파뷰래쉬(fabulash)라 불렸고 인조 속눈썹도 눈썹용 브러시 온과 마찬가지로 판매 되었다.

이러한 인조 속눈썹은 1968년에도 인모, 인조모, 동물의 털을 불문하고 모든 여성을 위한 제품이라고 말하면서, 둥근 눈에는 눈머리 쪽을 짧게 잘라 가지런히 정리한 인모 인조 속눈썹을, 깊게 움푹 들어간 눈에는 가운데 부분을 길게 해서 깨끗하게 잘라 가지런히 정리한 동물의 털로 만든 속눈썹을, 아몬드형 눈에는 눈 꼬리 쪽을 길게 하고, 눈머리 쪽을 짧게 한 직모의 진한 속눈썹이 좋다고 하였다. 그리고 눈꺼풀 한 가운데에 붙이는 부분 속눈썹인 드미 래쉬(demi lashes)는 튀어나온 눈에 붙이면 제격이라고 하였다. 이처럼 눈을 강조하는 인조 속눈썹의 종류는 계속해서 점점 더 증가하고 있었다. 글리터 래쉬(glitter lash)라는 금이나 은 또는 에나멜 가죽과 같은 검은 광택을 가진 아래 속눈썹용으로 사용되는 특별 속눈썹도 판매하였다(그림34).

페일 룩(pale look, big fade)이라는 화장법은 1965년에 그 정점에 달했다. 먼저 립스틱이 자취를 감추고, 이어서 볼의 색이, 마지막으로 눈썹 순으로 사라졌다. 눈썹은 탈색하던지 파운데이션으로 감추거나 앞머리를 내려서 보이지 않게 하였다. 긴 세월 동안 서

그림34. 섬세하게 표현된 인조 속눈썹

서히 정착해 온 이러한 생각은 눈 그 자체에 주의를 집중하는 것이었다. 이를 위해 눈꺼풀에도 하이라이트를 넣고, 눈에는 큼직하게 라인을 긋고, 이중, 삼중의 인조 속눈썹을 붙였다. 사실 눈 위에 진하게 바른 섀도우와 눈썹 먹으로 그린 긴 눈썹은 눈매를 커 보이게 하였다. 따라서 눈을 아름답게 보이게 하는 것은 눈이 어디에 있는지 완전히 모르게 하는 것이기도 하였다.

한편 주름과의 싸움에서 새로운 시도를 한 결과 암소의 혈액을 원료로 한 화장품이 생겨났는데, 저렴하게 만들어서 고가에 판매되었다. 헬렌 커티스(Helene Curtis)는 1960

년 2월에 매직 시크리트(magic secret)를 처음 시장에 내놓았고, 이어서 코티의 라인 어웨이(line away), 레브론의 리퀴 리프트(liqui lift) 등이 출시되었다. 이러한 주름제거 로션의 효과는 15분 정도만 지나면 나타나고, 8시간 동안은 지속되었다. 그러나 소나기를 만나거나 하면 곤란하였으며 원래 상태로 되돌리는데 15분정도 소요되었다.

헬레나 루빈스타인은 주근깨 메이크업을 선보였는데, 이것은 눈썹을 가느다랗게 하고 눈 밑에 주근깨를 붙이는 것으로 이 주근깨에는 여러 가지 색이 사용되었다. 그러나 그 중에서도 가장 많이 사용되어진 색은 잿빛이었다(그림35).

그림35. 주근깨 화장

화장이 점자 복잡해짐과 동시에, 남성 메이크업 아티스트의 수요가 증가하기 시작하였다. 엘리자베스 아덴의 파브로(Pablo)는 상상력이 풍부하고 재능이 있는 젊은 이탈리아 귀족 출신의 메이크업 아티스트로 광범위한 선전매체와 다수의 저명 인사고객을 입수하고 있었다. 그가 뉴욕에서 이국적인 무대용 눈 화장, 즉 보석을 박거나, 얼룩모양으로 하거나, 날개장식을 붙이거나, 꽃 모양을 그리는 등의 방법으로 디자인한 눈 화장이 주목을 받았다. 그 중에는 5시간이나 소요되는 것도 있었다(그림36).

그림36. 이국적인 무대용 눈 화장

뷰티 북(Vogue Beauty Book)은 1960년 중반 경에 판타지 아이 메이크업(fantasy eye make up)이라 칭하는 것을 발표했는데, 눈의 주위에 신비적인 장식을 붙인 것이다(그림37).

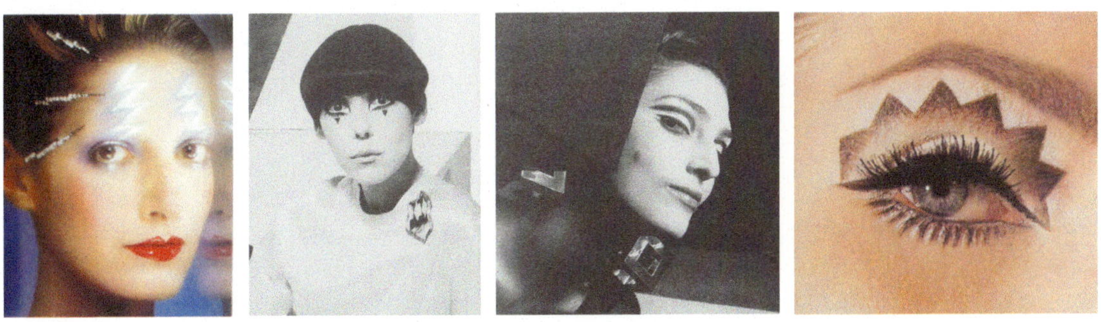

그림37 . 판타지 아이 메이크업

1964년의 가을에는 얼굴의 입체감을 표현하여 골격을 뚜렷하게 강조하고 있다(그림38). 여기에는 마스카라나 립스틱을 바르는 전통적인 브러시, 액체 아이라이너용의 가늘

그림38. 입체적인 화장법

고 긴 브러시나 볼연지용의 통통한 브러시, 작은 아이섀도우용 브러시, 눈썹을 정리하기 위해 비스듬하게 잘라 정리한 눈썹용 브러시가 사용되었다. 그리고 볼연지는 거의 얼굴 전체에 발려지고 헤어라인, 광대뼈, 턱선과 얼굴 표면 전체를 채우고 반듯한 이목구비를 만들었다. 화려하게 화장한 눈가와 립스틱을 전혀 바르지 않은 입술 대신에 골든 룩이 유행하면서 금과 은이 처음으로 낮의 화장에 사용되게 되었다. 금은 황갈색 화장에 강렬한 인상을 주고, 은은 하얀 핑크 화장에 같은 효과를 준다. 파우더, 파운데이션, 아이섀도우, 립스틱에 조차 금은이 사용될 정도였다.

이제 햇볕에 태우는 것조차 유행에 뒤쳐지게 되었다. 세련된 부인들은 헬레나 루빈스타인의 선탠 크림인 텐 인 어 미니크(tan in a minute)대신에 해변에서 창백한 피부를 보호하기 위해서 엘리자베스 아덴의 햇볕을 차단하는 선 블록(sun bloc)크림을 구입하였다.

1966년의 화장 경향은 손톱이나 입술에 밝은 빨간색이 다시 유행하고 있었다. 에스티 로더는 입술이나 손톱의 유행 색깔에 맞추어서 여름을 맞이하여 41색의 매니큐어를 준비하였다. 그 중 하나인 24K골드라고 불린 것은 실제로 순금이 사용되었다.

스커트 길이가 짧아짐과 동시에 드러나게 된 무릎은 특별히 매혹적이지는 않았지만, 플라스틱 보석, 애교 점, 윙크하고 있는 눈, 햇살모양의 보석 브로치인 선벌스트와 같은 일러스트레이션, 화려한 도안, 또는 아주 소량의 볼연지 등으로 무릎을 장식하였다. 에스티 로더는 다리 전용 화장품세트를 팔기 시작했는데, 핑크색 유연 화장수인 쌰떼 샤인(satine shene), 두 가지 색이 들어있는 크림타입의 내수성 다리 화장품, 브러시 온 파우더형태의 슬림 레그(slim leg), 분말상 연지타입의 니 글로우(knee glow), 그 외에 보석을 박아 넣은 애교점이 컬렉션에 포함되어 있었다.

1967년 길에서 볼 수 있는 화장은 무대화장을 모방하여 하이라이트나 섀도우를 사용해서 얼굴의 입체감을 강조하고 있었다. 실제 모습보다 훨씬 흥미를 끄는 듯한 얼굴로 보이게 하기 위해서 나머지 부분은 눈에 띠지 않게 엷게 펴서 바르고, 필요한 곳은 눈에 띠게 하였다. 너무나 놀랄 정도로 다종다양한 농담, 명암, 색조를 가진 화장품이 브러시, 스틱, 스펀지, 퍼프, 펜슬, 그리고 손가락을 사용해서 발려지고 있었다. 아름다운 윤곽선을 주기 위해서 마치 전문 메이크업 아티스트가 무대용 수정화장을 하는 것처럼 하이라이트와 음영을 넣었다. 다음으로 브러시로 볼연지를 바르고, 입술을 칠하고, 마지막으로 파우더로 마무리했다. 밤에 반짝거리게 하기 위해서 눈꺼풀 위에 바르는 작은 광택제인 그라세(glac)가 있었는데 이것은 매우 인상적이고 매혹적이었다. 1967~8년에 걸쳐 멋쟁이 여성들 사이에서는 중세 기풍의 화장이 유행했다. 이것은 그다지 표정을 나타내지 않은 화장이었다.

그림39. 히피 스타일의 메이크업

60년대 후반에는 여성을 자유롭게 하여 더 이상 메이크업이 남성을 즐겁게 해주기 위한 성적 대상으로서의 수단에서 벗어나기 시작하였다. 기하학적이며 인위적인 형태와 상업주의에 대한 반발로 새로운 이상을 추구하는 집단인 히피가 출현하였다(그림39). 이들은 자연스러우면서 이국적인 취향으로 전반적으로 부드러워지는 경향을 가져왔으며, 화장의 색조도 복숭아색, 갈색, 회색 등 자연스러운 색상과 함께 얼굴과 몸에 꽃무늬와 색채 추상을 그리는 등 이국적 혹은 민속적 패턴이 등장하였다(그림40).

그림40. 이국풍의 메이크업

이렇게 60년대는 젊음의 새로운 감성과 의식이 중시되면서 화장은 인조 속눈썹 등 극단적으로 강조된 눈이 중심이 되었고 이러한 화장법은 자연스럽고 사이키델릭(psychedelic)한 모습으로 나타났다. 사이키델릭 패턴은 보그와 같은 패션 잡지에 의해 트렌드가 되었다(그림41).

프러시아의 귀족이자 모델인 베루슈카 본 렌도르프(Veruschka von Lehndorff)는 바디 페인팅이 순수 미술의 지위에 이르고 또한 그녀의 새로운 직업이 될 때까지 바디 페인팅과 페이스 페인팅을 발전시켰다(그림42, 43).

1960년대 후반에는 화장에 있어서도 반짝임과 광택이 보여졌다. 이것은 그 당시 플라스틱 액세서리와 의상과 함께 미래에 대한 낙관적인 신념과 우주여행에 대한 도취감을 메이크업을 통해서 표현하기도 했다(그림44).

그림41. 사이키델릭 메이크업

1968년 레브론이 발표한 최신 화장법은 드미

그림42. 바디 페인팅

메이크업(엷은 화장)으로 사람들이 기분 좋게 화장을 하면서 마무리는 화장을 별로 하지 않은 듯이 보이게 하는 자연스러운 얼굴이었다.

1969년에는 카다로그와 샘플 등에 의한 판매가 활발해졌고, 세일즈맨과 세일즈 우먼 등에 의해 가정방문을 통한 화장품판매도 행해졌다. 에본 화장품(Avon Cosmetic)도 세일즈 우먼에 의해 소개되었다(그림45).

1960년대에는 주문품을 취급하는 화장품점이 눈에 띄게 증가하게 되었고, 손님의 주문에 따라 특별 조합품을 만들었다. 한편 새롭고 독창성 있는 이국적인 화장에 대한 연구를

그림43. 페이스 페인팅

그림44. 미래지향적 메이크업

그림45. 에본의 가정방문 판매

전문적으로 하기 시작했다.

눈 화장에 수많은 공헌을 해 온 코티는 신제품으로 캡 속에 연필 깎기를 넣은 자동눈썹 펜슬, 15가지 색의 액체 아이라이너, 듀오 매틱(duo matic, 한쪽은 나선 상의 마스카라, 다른 한쪽은 아이 크레용으로 되어 있다. 양쪽 모두 리필 가능)을 발매하였다. 레브론은 밀착력이 높은 튜브 타입의 액체로 된 광택 없는 아이섀도우인 아이 벨벳(eye velvet)을 새롭게 판매하기 시작하였다. 또한 화운데이션, 아이섀도우, 매니큐어, 마스카라 등의 화장제품이 본격적으로 제조되어 화장품 산업이 성장기를 맞이하게 되었다.

마드모아젤 2월호에는 초보자를 위해서 하이라이트와 섀도우를 사용해서 얼굴에 입체감을 주는 새로운 테크닉에 대해 소개하고 있었다. 크림이나 액체파운데이션을 바른 후, 자연스러운 느낌의 볼연지(크림, 스틱, 액체, 케이크)를 새로운 색상인 브릭 핑크(brick pink), 테라코타(적갈색, 산호색) 중에서 한 가지만 선택하여 매우 소량을 손끝으로 광대뼈 아래를 따라서 눈가 근처에까지 펴 바르는 방법을 적용하면 긴 얼굴도 둥글게 보이며 화장하는 것이 익숙하지 못한 소녀들을 위해서는 입술이나 눈썹을 그릴 때에 사용하는 플라스틱 보조도구인 셰이퍼(shaper)를 사용하면 좋다고 쓰여져 있다(그림46).

그림46. 립 보조도구 셰이퍼

젊은 10대들조차도 1960년대의 영 룩(young look)을 만들기 위해 시간과 노력을 필요로 했다. 메이크업 테크닉은 점차적으로 복잡해졌고 젊은 피부

그림47 . 영 룩을 위한 광고

는 젊은 미래를 보호하기 위해 돌보아야 한다는 광고도 나왔다(그림47).

스웽크(Swank)는 1963년 이국적인 향기의 남성용 향수를 출시하고, 그것을 제이드 이스트(jade east)라고 명명하였다(그림48). 곧 미국의 모든 도시의 백화점에는 남성화장품 특별코너가 신설되었다. 남성용 미장원은 이제 간부급 경영자 사이에서 점차 대중적이 되어 가고 있었다. 그들은 조용한 음악 속에서 편안히 쉬고, 머리를 웨이브하거나 눈썹을 착색하고, 얼굴 마사지를 받거나 해서 젊음을 되찾고자 하였다.

1967년까지 미국 대도시의 주된 백화점은 대부분이 남성용 화장품을 위한 특별 매장을 가지고 있었고, 남성용 화장품은 지금까지의 평범한 제품에다가 이국풍의 향료, 페이스 크림, 피부를 착색하기 위한 화장품을 점점 더 늘려가고 있었다. 이것은 남성의 피부를 청결하게 해주고 유연하게 하기 위한 것이었다.

그림48 . 제이드 이스트

4) 헤 어

1960년대는 문화의 중심이 헐리우드에서 런던으로 넘어간 시기로 50년대에 이어 헤어 컷이 매우 발달하였다. 다시 말해 1960년대는 헤어의(hairy) 10년이었다(그림49).

이때 20세기 헤어디자이너의 대부인 비달 사순(Vidal Sassoon)은 기존 미용업계의 방식에 혁명을 일으키며 점점 두각을 나타내기 시작했다. 그는 각각의 골격에 기하학적 모양을 가미시켜 기본 틀을 창조했으며, 60년대 전 세계적으로 인기를 얻은 보브 스타일 커트는 수많은 여성들의 머리에 자유를 주었다. 즉, 그의 커트 방식은 천편일률적인 방식에서 벗어나 개개인의 얼굴 윤곽을 고려해서 사람마다 각기 다른 이미지를 주었고 그러면서도 심플하고 섬세한 점이 가장 부각되었다(그림50).

그림49. 1960년대 헤어 컷

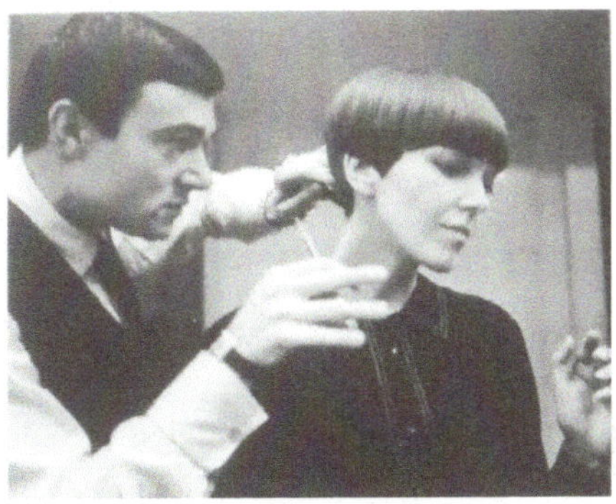

그림50. 비달사순

60년대 초반 마리 퀀트가 선호한 정교한 파이브 포인트 커트(five point cut)는 비달 사순이 비틀즈에게 해준 베이슨 커트(basin cut)의 비대칭적인 선에 기초를 두고 있다. 이 스타일은 머리의 정수리 중앙에 시작점을 두고 5개의 뾰족한 끝으로 날카롭게 커트되었으며, 마치 우주시대의 헬멧을 뒤집어 쓴 것처럼 보였다. 이 스타일은 둥근 방사 구조의 모양으로 목과 신체의 섬세함과 연약함을 강조했다(그림51, 52).

비달 사순의 1964년도 작품인 지오메트릭 커트(geometric cut)는 유럽에서 일어난 건축 예술사조인 바우하우스의 영향을 느낄 수 있는 헤어 컷으로 기하학적인 빗질과 커트 기법을 사용하였다(그림53).

한편 여성들 사이에서는 영국의 10대 모델인 트위기의 짧은 머리가 유행하였다. 즉 짧고 둥근 컷, 베이직 레이어, 롱 스트레이트 원 랭스 스타일이 많이 행해졌다(그림54).

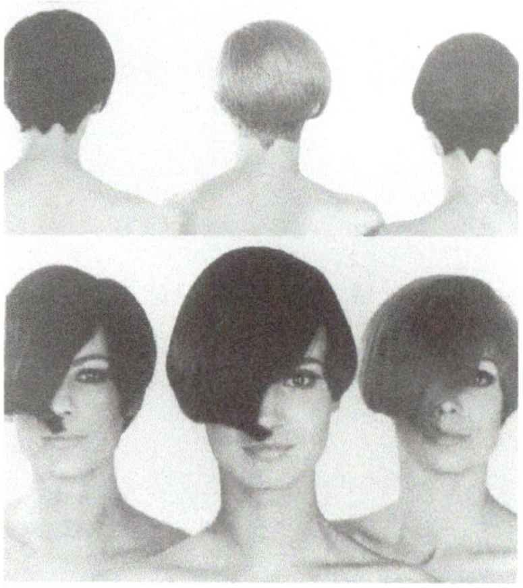

그림51. 파이브 포인트 커트

그림52 . 비틀즈의 베이슨 커트

그림53 . 비달사순의 지오메트릭 커트

그림54. 트위기의 짧은 머리형

대부분의 여성들은 풍부하게 부풀려서 핀으로 꽂아 올린 페르시아 왕(the Shah of Persia)의 새 아내인 파라 디바(Farah Diba)의 머리형이나 보브 스타일의 헤어를 자연스러우면서 풍성한 스타일로 정리한 재클린 케네디의 머리 모양을 모방했다(그림55, 56). 이러한 요인으로 인해 60년대 여성들은 머리를 과도하게 둥글리고 풍성하게 부풀린 부팡 스타일을 열광적으로 좋아했는데, 그 대안으로 헤어피스와 가발이 많이 사용되었다(그림57). 특히 재클린의 부팡 스타일은 머리의 길이에 상관없이 긴 머리나 짧은 머리에도 사용되었다. 긴 머리가 백 코밍(back coming)이 되어 뒤로 넘겨진 것을 비하이브라고 불렀으며, 백 코밍은 새로운 기술은 아니었으나 60년대에 매우 유행하였다(그림58).

그림55. 파라 디바

그림56. 재클린

그림57. 부팡 스타일

배우겸 모델인 진 쉬림톤(Jean Shrimpton)은 길고 스트레이트로 된 머리를 정돈해서 트리저링(triggering) 스타일로 연출하였으며, 이 머리형은 다음의 헤어 트렌드가 되었다(그림59, 60, 61).

60년대의 주요한 키워드로 부상한 틴에이저들은 패션에 이어 그들의 머리를 다양하게 연출을 했는데 주로 리본을 이용하여 양 갈래로 묶거나 한쪽으로 묶어

그림58. 백 코밍 된 비하이브 스타일

그림59. 진 쉬림톤

그림60. 트리저링 스타일

그림61. 트리저링 스타일

그림62. 60년대 틴 에이저들의 다양한 머리모양

귀엽고 발랄함을 나타내기도 했다(그림62).

히피 스타일은 60년대 청년문화를 반영했는데, 이것은 전시대의 어떤 일정한 틀과 인공적인 머리 스타일에서 벗어나 긴 머리를 다듬지 않은 채로 그대로 풀어헤쳐서 헝클어진 자연스러운 모양을 내는 것이 특징이다(그림63). 긴 헤어는 자연에 대한 새로운 지각에 대한 상징으로써 가발의 인조성에 대항하기도 했다. 나중에는 히피문화가 발생하여 롱 스트레이트 혹은 에스닉풍의 땋은 머리가 유행하기도 했다.

1960년대 일어난 미국의 흑인민권 운동의 영향으로 아프로 스타일(afro style)이 유행하였으며, 백인의 헤어스타일에도 영향을 미치기 시작하였다. 이것은 꼬불꼬불하고 부시시한 흑인 특유의 머리를 별 장식이나 손질을 하지 않고 그대로 빗질하여 부풀린 것이었다(그림64). 60년대 말 처음 나타난 아프로 스타일의 초기 형태는 모발의 높이와 넓이를 같게 한 것이었다. 이것이 초기에는 좀 길게 나타났으나 그 이후에는 내추럴로 알려진 아프로 스타일 보다 짧은 머리가 나타났다.

이것은 남녀 모두에게 인기가 있었으나 여성들에게는 아프로 퍼프(afro puff)라는 가운데 가르마를 하고 머리를 양쪽 귀 옆으로 모아 부풀린 머리 형태가 나타났다.

1960년대는 염색과 탈색 기술이 발전되면서 모발은 더욱 장식적이 되어갔다. 새로운 컬러 테크닉으로 드래빙(drabbing)은 화이트나 샴페인 색의 린스 컬러를 도포하여 밝은

그림63. 히피풍의 헤어

그림64. 아프로 헤어 스타일

색, 특히 붉은색과 노란색의 톤을 낮출 때 사용하였다(그림65).

프로스팅(frosting)은 머리 윗부분의 모든 작은 머리 단을 블리치 하는 것을 포함하며 반면에 티핑(tipping)은 얼굴의 머리 단을 블리치 하는 것을, 스트리킹(streaking)은 얼굴의 헤어라인에서 시작하는 넓은 몇 개의 머리카락을 블리치 하는 것을 말한다.

한편, 헤어가 똑같이 짧았기 때문에 소년들과 소녀들을 구별하는 것이 어려웠으며, 이것은 헤어에서의 유니섹스(unisex) 스타일이라고 할 수 있다(그림66).

그림65 . 염색된 머리

그림66. 유니섹스 헤어

그림67. 60년대의 미용실의 모습

8 1970-1979년

1) 사회문화적 배경

1970년대에는 세계 경제의 인플레 현상이 심했던 불황의 시기였다. 높은 인플레이션, 늘어가는 실직률, 산업 환경과 기술에 대해 커져 가는 불만 등으로 1960년대 낙천적이고 소비가 미덕인 시대는 쇠퇴하고 절약이 미덕인 시대가 되어 소비자들은 좀 더 실제적이고 합리적인 생활을 추구하였다.

또한 과학의 발전으로 미국은 최초의 우주 정거장을 발사하고, 중국에서도 첫 인공위성을 발사하게 되었다.

1973년 가을 중동전쟁은 하나의 분수령이 되었으며 6개월 동안에 유가와 물가가 급격히 상승했고 세계무역은 쇠퇴의 길로 접어들었다. 그러나 베트남 전쟁이 평화 협정 조인으로 일단락되었고, 중국에서는 덩샤오핑(鄧小平)이 등장하여 닉슨(Nixon)과 핑퐁(table tennis) 외교를 벌이는 등 개혁정치를 추진하면서 냉전의 분위기가 서서히 가라앉기 시작했다.

한편 1970년대 중반으로 접어들면서 영국과 미국에서는 실업률이 증가하였으나, 세계의 경제는 안정을 되찾았고 생활수준은 향상되었다. 특히 영국은 다른 나라보다 산업적인 문제와 물가 상승에 심각한 영향을 받았으며 젊은이들이 큰 비중을 차지하고 있었다. 이러한 경제적인 불황 속에서 상당수가 실업자가 되어 실업수당을 받으면서 살아가고 있었다.

1970년대는 철저한 다원주의 시대로 새로운 매체가 등장했는데, 개념미술 · 대지미술 · 페미니즘 예술로서의 공예, 미디어 아트(Media Art), 비디오 아트(Video Art), 퍼포먼스 아트(Performance Art) 등이 그것이다. 대중음악은 시대를 반영하는 것으로 당시 지배문화와 전통에 대한 거부정신으로 잉태되었다.

그림1. 마가렛 대처

1970년대 중요 시대사조는 자연으로 돌아가자는 운동과 여성운동의 확산이다. 이로 인해 1979년 영국에서는 마가렛 대처(Margaret Thatcher)가 처음으로 여성 수상이 되었고(그림1), 자연으로 돌아가자는 운동은 사람들로 하여금 단순한 생활양식을 표방하게 하여 의식주를 간소화시켰으며 건강식품이 잘 팔리고 식이요법, 조깅이 성행하였다. 또한 여성운동의 확산으로 여자들이 과거에는 남자들만의 직종이었던 분야에 뛰어들어 남자들과 경쟁하면서 일반직과 전문직에 종사하게 되었으므로 지위가 향상 되었고 이들의 사회적 역할이 커졌다.

이때 유행에 가장 중요한 영향을 준 것 중의 하나가 스포츠이다. 운동선수들은 높은 인기와 명성을 누렸고, 그들의 의상이나 행동은 대중들에게 광적으로 추종되었다.

2) 패 션

1970년대 복식의 특징은 비구조적이고, 일상적이며, 편안함을 추구하는데 있다. 이때는 여성의 파워가 강해지면서 전통적인 복식에 새로운 현대적인 멋을 더한 유니섹스 스타일의 팬츠 슈트가 주류를 이루었다(그림2).

젊은이들이 패션을 주도하게 되면서 패션은 점차 다양화되었고, 1970년대 중반 무렵에는 클래식하고 착용이 간편한 의상과 환상적인 의상의 두 가지 스타일로 대별할 수 있게 되었다. 여성복에서 중요한 두 가지 특징은 다음과 같다. 미디(midi)와 맥시(maxi)의 길고 날씬한 라인이 경직된 삼각형 실루엣의 미니(mini)를 대체하게 되었으며 여성들은 점차로 바지에 의존하게 되었다(그림3).

그림2. 팬츠 슈트(1971)

그림3. 맥시 라인(1973)

대량생산업체들이 유명 브랜드의 의상을 모방했으며, 허리선이 낮아 힙에 걸치는 힙스터 컷(hipster cut)을 생산했는데 밑단을 퍼지게 하거나 퍼지지 않게 하기도 했다. 위험할 정도로 높고 불편한 플랫폼(platform)을 신어 긴 드레스와 플레어가 땅에 닿지 않도록 했는데, 이것이 1970년대 도발적인 패션 아이콘의 하나로 남게 되었다(그림4). 젊은이들의 실루엣은 꼭 맞는 상의와 무릎까지 꼭 붙다가 그 아래로 내려가면서 넓게 플레어지는 바지가 주도했다(그림5). 1970년 이후로 플레어의 유행이 끝나는 1970년대 중반 무렵까지 바지의 단이 점차로 넓어졌다(그림6).

그림4. 플랫폼과 판탈롱(1972)

그림5. 플레어진 팬츠(1971)

그림6. 단이 넓어진 팬츠(1975)

또한 청바지와 판탈롱의 인기가 높았으며(그림7), 작업복에 불과했던 진(jean)이 랄프 로렌(Ralph Lauren), 캘빈 클라인(Klein Calvin) 등 미국의 디자이너들에 의해 영 패션으로 각광받기 시작했다(그림8).

1976년 여름 영국 런던에서는 젊은이들이 실업의 증가와 암울한 미래, 자신들에 관심을 보이지 않는 사회에 대한 반항, 분노, 좌절을 무정부주의적이고 허무주의적인 펑크(punk)와 같은 혐오스런 복장과 머리형태를 하고 다니면서 표출하게 되었다(그림9).

펑크족 의상은 검은색 일색이었으며 의도적으로 위협적인 차림을 했다. 옷은 집에서 만들거나 중고

그림7. 1970년대 청바지

그림8. 캘빈클라인의 진

그림9. 펑크 의상

품 가게와 잉여 군수품 판매점에서 구입했으며 찢는 등 단정치 못하게 겹쳐 입었다. 남녀 모두 타이트한 검은색 바지와 모헤어 스웨터, 그리고 페인트로 칠하거나 체인과 쇠, 징으로 장식한 독특한 가죽 재킷을 입었고, 닥터 마틴(doctor marten)부츠를 신었다. 여성 펑크족은 미니 스커트에 검은색 그물망 스타킹을 신기도 했으며, 남녀 모두 무릎과 무릎을 끈으로 연결해 구속하는 본디지 바지(bondage trouser)와 무거운 크레이프 창의 신발을 신었다. 재킷과 티셔츠에는 나치의 상징 등 외설적이거나 거부감을 불러일으키는 문구나 이미지를 넣었다. 물 빠진 면, 반짝이는 합성 소재와 함께 가죽, 고무, PVC는 펑크가 가장 선호하는 소재였고 체인, 지퍼, 안전핀과 면도날로 의복을 장식했다.

펑크 패션은 하나의 새로운 패션 경향으로 하위문화로 발전하게 되었는데, 처음에는 전위 패션으로 등장하였으나 차차 대중 패션으로 전파되어갔다. 이러한 펑크 패션은 하이패션에도 영향을 미쳤는데 영국 디자이너 잔드라 로즈(Zandra Rhodes)는 펑크 감각을 하이패션에 도입한 대표적인 인물이다(그림 10).

그림10. 잔드라 로즈의 펑크 룩(1977)

이렇듯 1970년대의 영 패션은 펑크와 팝의 영향으로 비구조적이고, 일상적이며 편안함을 추구하는 형태가 되었다. 이 시대에 들어오면서 미래학에 대한 관심이 깊어짐에 따라 미래지향형 패션이 주목되기도 했다. 남성들의 테일러드 슈트를 모방한 스타일과 청바지를 주요 아이템으로 한 유니섹스 모드가 생겨났고, 이것은 남성과 여성이 성의 구별 없이 의

복을 착용, 더 이상 복식이 성구별의 수단과 이성간의 유혹의 수단으로도 이용되지 않음을 시사하였다(그림11, 12).

또한 실용적이고 경제적인 기성복 생산이 많아져서 운동복 스타일의 의복과 트랙 슈트, 신축성 있는 천으로 만든 투피스 등 캐주얼웨어 부분의 급속한 확산이 이루어지기도 했다.

그림11. 유니섹스 스타일

그림12. 유니섹스 스타일

그림13. 자연으로부터 영감을 얻은 1970년대 색조 화장

3) 메이크업

1970년의 광기처럼 과도한 화장은 71년으로 접어들면서 누그러지게 되었는데 아마도 환경이나 자연을 의식하기 시작하면서부터 일 것이다(그림14). 또한 여성들은 예전부터 믿고 있었던 미에 대한 관념이 외형에서뿐만 아니라 마음에서도 생겨난다는 것을 재발견하기 시작하였다.

그림14. 자연스러워진 화장

이처럼 1970년대 초에는 외모에 대한 사회심리학적인 중요성이 학자들의 관심을 끌었고, 좋은 외모가 성공뿐만 아니라 더 큰 직업적인 성공을 보장하는데 도움을 줄 수 있다고 생각했다.

이러한 1970년대는 자기 개발에 다양한 형태를 취하고 있다. 즉 요가, 초자연적인 묵상, 자연식품의 선호 등 이러한 것들은 단순히 피부를 아름답게 할 뿐 아니라, 피부를 보다 건강하게 해주는 화장품으로 눈을 돌리게 했다. 화장품의 성분은 다양한 비타민 종류, 소맥의 배아, 파파야, 오이, 아보카도, 참깨, 아몬드, 대추야자, 레몬, 그레이프프루트, 달걀과 같은 매우 흔한 것들이었다. 그 대다수는 피부에 유익하다는 과학적인 근거가 있었고, 예로부터 내려오는 몇 가지 처방의 유효성을 입증하고 있었다. 그럼에도 불구하고 화장품 회사들은 계속해서 색다른 화장품을 제조하였다.

그림15. 내추럴 룩

이때 나타난 내추럴 룩은 결점이 없는 피부 빛과 매니큐어를 칠한 손과 함께 외모를 매우 멋지게 꾸미는 것이었다. 이때 밝은 컬러는 사용하지 않았으며, 대부분이 틴티드 모이스처라이저, 스킨 컬러 아이섀도우, 컬러가 없는 립글로스와 매니큐어였으며, 이러한 것은 커리어 우먼의 비밀 무기였다(그림15).

신체 또한 자연스럽게 스포티하고 섹시하게 보여야 했다. 이것은 부유하고 아름다운 사람들의 외모를 흉내 내기 위해, 또는 해외에서 휴가를 보낼 수 있는 성공한 삶이라는 인상을 주기 위해 일년 내내

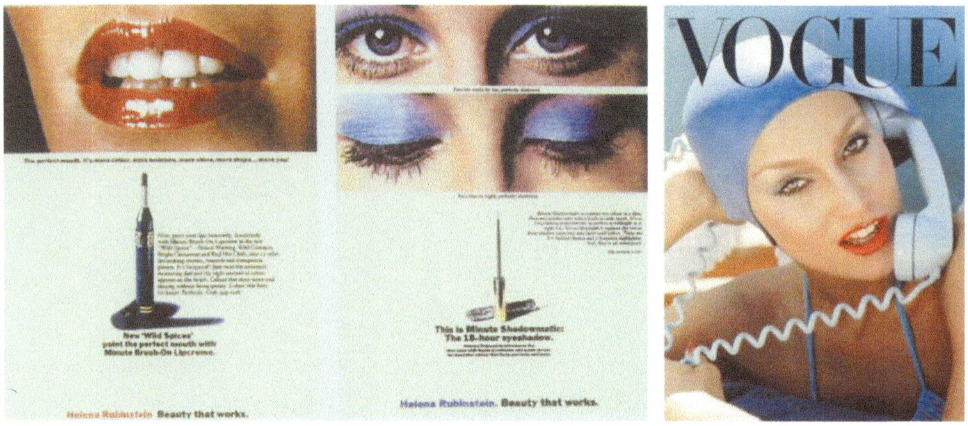

그림16. 성공한 여성의 이미지를 나타내 주는 메이크업

태닝을 하기도 했다(그림16).

멋지고 초 슬림한 몸매는 자연의 선물이었거나 고된 노동을 통해 만들어졌으며, 건강에 좋은 음식물 섭취는 다이어트를 할 필요가 없는 사람들에게 조차도 필수였고, 슬리밍 제품 사업이 붐을 이루고 있었다. 많은 여성들은 규칙적으로 헬스 팜(health farm)이나 다이어트 클리닉을 이용했으며, 휴가를 제외한 나머지 일년 동안을 휘트니스 센터에서 매일 보내곤 했다. 운동으로 인한 성취감은 제인 폰다(Jane Fonda)에 의해 증명되었는데, 그녀는 바바렐라(barbarella)에서 인조가발로 머리를 부풀리고 눈썹의 윤곽을 뚜렷하게 하여 그녀만의 독특하고 섹시한 말괄량이의 이미지를 만들어냈다(그림17).

한편 1970년대 여성들은 낮 동안은 거의 화장을 하지 않았으나, 밤에는 메이크업 테크닉이 달랐다(그림18, 19, 20). 그 이유는 디스코(disco)와 뉴욕에 있는

그림17. 바바렐라의 제인 폰다

그림18. 70년대 메이크업

그림19. 70년대의 낮의 메이크업

그림20. 70년대의 밤의 메이크업

스튜디오 54(Studio 54)같은 클럽에서는 글래머(glamour)와 글리터를 사용한 메이크업을 필요로 했기 때문이다. 이에 따라 눈썹은 연필처럼 가늘었으며 눈꺼풀은 광택 있는 밝은 컬러를 발라 반짝였고, 입술은 가장 짙은 붉은 색이나 블랙의 색상을 바르기도 했다. 피부색은 실버, 골드, 그리고 형광 입자들 덕분에 펄과 같은 광택이 났다. 즉 여성들은 밤에는 여성적으로 보여야 했고, 낮 동안의 전문적인 단정함과 대조를 이루는 메이크업을 중요하게 여겼다.

댄스 열풍 덕에 올리비아 뉴튼 존(Olivia Newton John)은 일시적이긴 했지만 급격한 명성을 획득했는데, 그리스(grease)에서 존 트라볼타(John Travolta)의 옆에 있던 그녀의 외모는 그녀를 10대 아이돌로 변모시켰다(그림21).

이처럼 디스코 시대에는 얼굴에 반짝이는 제품을 사용했는데 마들렌느 모노

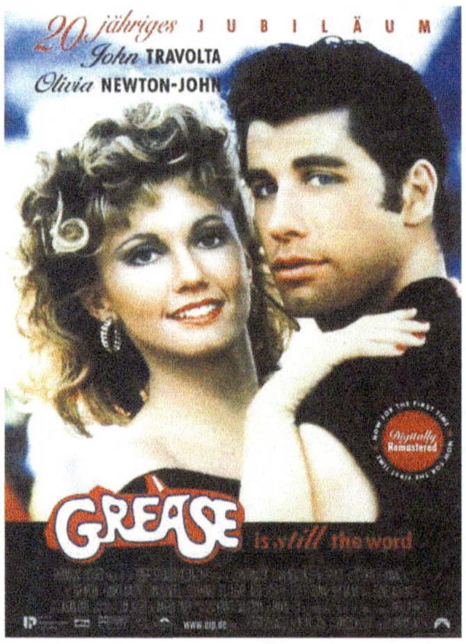

그림21. 그리스의 올리비아 뉴튼 존

(Madeleine Mono)사의 아라비안 라이트(arabian light) 디스코 섀도우는 눈꺼풀 위에 촉촉하게 혹은 매트하게 발려지는 광물질이 들어있는 선명한 색상의 파우더로 스포트라이트가 번쩍이는 순간이나 클럽주위에서 번쩍이는 빛의 섬광에 의해 빛났다. 입술은 어두운 중간 톤의 색상이었고, 종종 갈색을 띤 립스틱을 발랐다. 눈썹의 길이는 짧아지고 가늘어졌으며, 잘 정리된 자연스러운 모양의 가느다란 쉼표모양, 페이즐리(paisley) 천 무늬나 올챙이 모양으로 변형되었다. 샐리 필드(Sally Field)의 앞부분은 둥글고 크지만 끝으로 갈수록 폭이 가늘어지는 페이즐리 눈썹은 1970년대의 전형이었다(그림22).

그림22. 샐리 필드

마고 헤밍웨이(Margaux Hemingway)와 프리티 베이비(Pretty Baby)라는 영화에서 브룩 쉴즈(Brooke Shields)는 숱이 많은 눈썹으로 화장에 야생의 터치감을 가져다주었다(그림23, 24).

1970년대에 보여 준 또 다른 화장의 형태는 우아한 여성미였다. 71년 가을 · 겨울 파리 컬렉션에서는 여성

그림23. 마고 헤밍웨이

그림24. 프리티 베이비의 브룩 쉴즈

미의 재현 즉, 우아한 클래식과 엘레강스를 기본 컨셉으로 표현하였으며, 1920년대 풍이라든가 1930년대의 복고풍으로 진정한 여성스러움을 되돌아보는 듯하였다. 그리고 연필로 그린 인공 주근깨 화장이 보여졌는데, 이것은 17~18세기 프랑스에서 대유행했던 것으로 70년대 젊은 여성들 사이에서 다시 유행하기도 했다.

또한 이국적인 느낌과 함께 얼굴 전체에 풍부한 색조를 나타내는 판타지 경향의 화장 패턴이 나타났는데, 70년대 초의 디자이너 잔드라 로즈는 민속풍의 의상과 화려한 복고풍의 판타지 화장을 선보였다. 이런 경향은 1970년 3월 1일 발행된 보그에 컬러 퀘이크(color quake)화장법이라고 소개되었다. 컬러 퀘이크라는 것은 눈 주위에 칠하는 색의 반점을 말하는데, 이것을 시작한 것은 바로 크리스찬 디올이었으며 93가지의 다양한 색상을 사용했다(그림25, 26).

그림25. 잔드라 로즈의 컬러 퀘이크 화장법

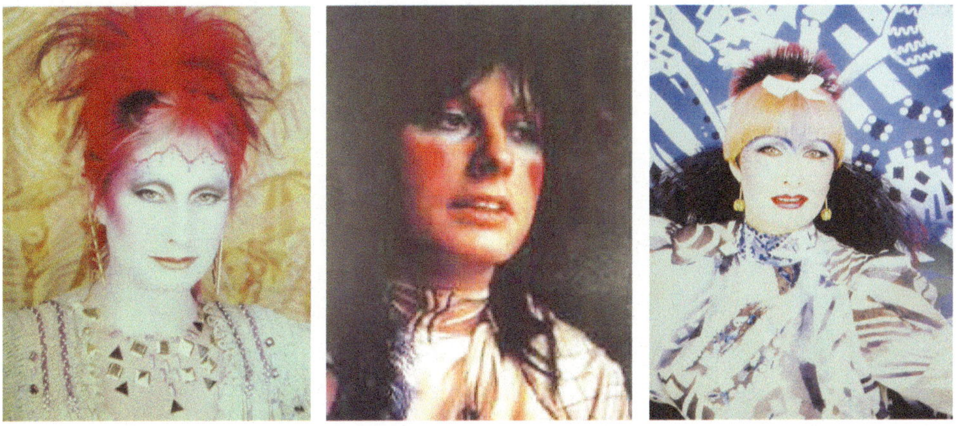

그림26. 잔드라 로즈의 판타지 화장

그림27. 마리사 브랜슨의 화장

또한 마리사 브랜슨(Marisa Berenson)은 메이크업에 그린, 블루, 핑크 등 8가지 색을 사용하였으며, 이러한 색상은 이탈리아 르네상스의 영향에 의한 것이었다(그림27).

이러한 화장법은 눈주위에 빨강과 파랑 등의 색 반점을 그리고 자연스러운 피부 톤에 인공적으로 그려진 주근깨를 그려주어 전원적인 분위기를 표현하거나 보라, 빨강, 흰색, 금색 등의 강렬한 아이섀도우를 사용했다.

특히 퍼플 아이는 눈썹과 속눈썹 사이의 화장으로 그레이와 블루를 발라 음영을 주어, 평면적인 동양인의 얼굴을 서양인과 같이 입체감을 주려는 것이 아이섀도우의 역할이었다. 지금은 그 명칭이 퍼플 아이섀도우로 변하였다.

이처럼 얼굴 전체에 풍부한 색조를 부여하는 성숙한 이미지는 1930년대처럼 이 당시에 나타난 경기 침체 속의 우울한 사회분위기를 피하거나 극복해 보려는 심리가 반영된 현상이기도 했다.

이때 젊은이들 사이에 나타난 하나의 사회적 현상으로 아름다움의 이상에 관한 가장 자극적인 비평이 펑크 운동에 의해 제시되었는데, 귀와 코에 링과 바늘을 달고, 문신을 하고, 밝게 염색한 체로키 헤어커트(cherokee haricuts)나 젤을 바른 뿔 모양의 헤어, 손톱, 입술 그리고 눈 주위에 넓게 검은색 컬러를 칠하고 사람들로 하여금 소름끼치게 했으며, 이러한 메이크업은 주로 펑크 로커들에 의해 행해졌다(그림28).

그림28. 펑크 록의 그룹 퀸

한편 마리 퀀트는 영국여성들에게 크레용을 사용해 얼굴에 화장하는 것이 가능하다고 했으며, 1970년에 제품으로 선보였다. 이 크레용 제품은 파운데이션 위에 발라서 손가락으로 엷게 펴발랐으며, 1971년 6월호 하퍼스 바자와 퀸(Queen)의 표지모델이 사용하였다. 이 모델은 눈 주위에는 진한 파란색, 노란색, 라일락 색을, 입술에는 갈색이나 핑크색을, 볼에는 갈색이나 빨간색, 흰색을 바르고, 턱선은 갈색과 빨간색의 섀도우를 바르고 있었다.

런던의 비바(Biba)는 자주색 매니큐어, 마호가니색 립스틱, 검은 페이스 글로스(face gloss), 짙은 자주색의 수용성화장품, 노란색 파운데이션으로 영국여성들을 자극하기도 했다. 또한 6가지색의 백분, 2가지색의 수용 성화장품, 10가지색의 페이스 글로스와 브러시 5개, 작은 주걱 한 개가 들어 있는 화장박스는 여성의 취향이나 색 감각, 화장기술을 나타내는 수단이기도 했다. 비바의 모델은 노란색 1호의 파운데이션을 바르고, 광대뼈 위에 컨추어(contour powder)로 섀도우를 발랐으며, 다크 타코이즈 파우더 틴트(dark turquoise powder tint)로 눈을 움푹 들어가게 표현했으며, 눈꺼풀에는 보틀(bottle)로 하이라이트를 넣고, 활 모양의 입술에는 건포도색을 발랐다.

에스티 로더는 뉴욕 타임즈에 전면 인쇄 삽입광고를 사용해서 모든 화장품을 광고하였다. 그 중에는 황갈색의 바이올렛을 의미하는 토니 바이올렛(tawny violet), 프렌치 커피(frech coffee), 스위스 스토로베리(swiss strawberry), 스패니시 멜론(spanish melon), 메이페어 핑크(mayfair pink)와 같은 25가지색의 비타민이 든 립스틱이 포함되어 있었다.

1970년대 중반을 기점으로 유행 패턴이 점차 동양적인 것으로 바뀌어져 부드러우면서도 침착한 카키, 베이지, 갈색, 주황, 블루, 자주, 핑크의 색상이 주류를 이루며 자연스러우면서도 세련된 형태가 되었다(그림29). 1977년부터는 눈썹의 형태도 자연스러워졌고 아이섀도우나 아이라이너, 마스카라, 아이브로우를 이용해 명암을 주는 화장 기법을 받아들였고, 다양한 화장품을 사용해 이미지 메이킹(image making) 했으며 단순히 얼굴을 장식한다는 개념에서 벗어나 피부를 아름답게 가꾸고자 하는 인식 전환이 일어난 시기였다.

그림29. 동양적인 메이크업

이로 인해 건강한 피부를 그대로 드러내면서 눈 화장은 주로 블랙, 그레이, 스모키 색상의 콜 아이라이너로 강하게 강조했고, 19세기처럼 흰 피부보다는 건강하고 매력적인 다갈색 피부를 갖기 위해서 일광욕을 즐기는 시대가 되었다.

그림30. 건강한 피부를 표현한 메이크업

그림31. 바디 샵 로고

1970년대 중반 이후에는 편안한 자연스러움이 추구되어 자연스러운 눈썹 형태와 적은 수의 아이섀도우를 사용하는 화장이 주류를 이루었다. 여기에다가 파운데이션은 건강한 피부가 그대로 나타나도록 라이트 파운데이션을 사용해 가볍고 엷게 발랐다(그림30).

1976년에는 이탈리아 아니타 로딕(Anita Roddick)이 런던에서 바디 샵(Body Shop)을 설립하여 뷰티 산업에 대변혁을 불러 일으켰으며 바디 샵은 예로부터 내려오는 전통적인 방식으로 제조된 자연적이고 환경 친화적인 화장품의 상징이 되었다(그림31). 또한 아니타 로딕은 최초로 메이크업 아티스트들이 그들의 창조적인 디자인에 대한 일종의 저작권을 수여받도록 보장했다.

1970년대 말에 로지베라(Roise Vela), 르네 루소(Rene Russo), 패티 핸슨(Patti Hanson) 등으로 구성된 그룹의 멤버들은 긴 머리에 구리빛 얼굴과 자연스러운 눈썹으로 건강한 여성미를 표현했다. 그들의 피부는 윤이 났으며 얼굴윤곽이 뚜렷했고, 광대뼈 아래에는 진한 포도주색으로 볼터치를 하였다. 여기에 뚜렷한 윤곽을 만들기 위해 하이라이트를 주었다. 또한 속눈썹 근처에는 회갈색, 쌍꺼풀엔 진한 갈색, 그리고 눈썹 아래는 흰색 섀도우를 바르고 인조 속눈썹은 거의 하지 않았다. 그리고 눈을 강조하기 위해 아이라이너로 눈 주위를 동그랗게 그렸다(그림32).

1970년대는 사회가 변화함에 따라 미에 대한 관심이 높아지면서 화장품은 이제 성별과 연령에 관계없이 그 용도가 다양해지고, 20세기의 여건들은 인간의 아름다움에 관한 미

그림32. 르네 루소

적 가치를 다양하게 변화시켜서 유해환경으로부터 피부를 보호하고 인간의 내면까지 관리하는 위생학적인 단계까지 이르게 되었다. 이런 소비 시장의 흐름을 파악한 크리니크(Clinque)사는 고정관념을 깨고 모든 판매원이 실험실 가운을 입고 백화점 판매대에 서고 컴퓨터를 설치해서 실험실 분위기를 연출했으며, 이러한 시도는 소비자들에게 이들의 제품이 과학적인 근거를 갖고 있는 제품이며 무공해한 제품이라는 이미지를 심어 주어 25세에서 42세 사이의 여성들이 피부를 위한 제품을 구입하게 하는 현상을 낳았다(그림33).

한편, 고급 제품을 판매하기 위해 화장품 회사들은 판매원과 고객 간의 일대 일의 판매방식을 도입했고, 랑콤과 랑케스터(Lancaster)사는 컨설팅에 주력해 고품질의 고가의 제품을 선보이는데 성공을 했다.

그림33. 크리니크의 판매방식

4) 헤 어

70년대에 들어오면서 자연으로 돌아가자는 운동과 자기 자신의 재발견과 함께 헤어스타일에도 복고풍의 경향이 나타나면서 우아하고 여성적인 이미지가 주목을 받고 있었다.

여성들의 헤어는 바람에 나부끼는 자연스러운 형태를 선호했는데, 주로 헤어스타일은 블로우 드라이(blow dried)를 하거나 자연스럽게 건조되도록 그대로 두었고, 세련된 레이어와 퍼머넌트 웨이브가 필요한 볼륨을 제공해 주었다. 여기에 새롭게 발명된 스트리크는 하이라이트를 가능하게 해주었다(그림34).

그림34. 1970년대 헤어스타일(미녀삼총사)

1970년대는 숱이 많고, 빛나는 머리카락을 가진 헤어가 아주 중요한 신체적 특성이었다. 특히 미녀 삼총사(Charlie' s Angels)의 여배우 파라 포셋 메이저(Farrah Fawcett Major)가 그녀의 길고 레이어드 된 헤어 커트 덕분에 세계적으로 유명해지기도 했다(그림35). 그리고 리타 헤이워스의 층이 있는 부드러운 웨이브와 굵은 컬이 들어간 머리도 아주 유행했다(그림36).

1970년대는 미디엄이나 롱 레이어의 전성기로서 흐르는 듯한 자연스러운 형태를 선호

그림35. 파라 포셋

그림36. 리타 헤이워스

하여 윗머리의 부피감이 없는 스타일로 자연스러운 모양의 퍼머 웨이브나 어깨길이의 웨이브가 유행하였다. 짧은 머리는 모든 계층에서 유행했으며 층이 있는 부드러운 웨이브 머리를 목뒤선 까지 길렀다. 특히 젊은이들 사이에는 머리에 층을 내어 머리카락을 어깨 위로 향하게 하는 양파 커트가 유행했으며 유니섹스 스타일이 유행하면서 남여가 같은 헤어스타일을 하였다(그림37).

또한 머리카락 끝을 3센치 정도만 컬 시킨 세미 롱은 1930년대 헐리우드 여배우의 느낌이 들게 했으며, 머리 속 부분은 굵은 컬로 감아 물결 모양으로 자연스럽게 하기도 했다. 또 머리 전체에 크게 물결 모양의 웨이브를 주고 머리끝 부분만 안으로 감아 넣거나 가볍게 스타일 퍼머를 해서 손질을 하기도 했다.

그림37. 롱레이어의 자연스런 웨이브

1970년대 중반으로 들어서면서 1930년대의 복고풍으로 자연스럽게 컬이진 스타일이 선호되었고, 여기에 긴 머리의 레이어 스타일과 함께 짧고 말쑥한 퍼머 스타일, 그리고 긴 스트레이트 머리가 유행하였다. 아프로 스타일이 60년대 이후 계속 유행하면서 부풀린 흑인 여성의 머리에 긴 귀걸이를 하고 다녔으며, 70년대 후반에는 펑크 스타일의 영향으로 뻗친 머리의 질감이 가미된 둥그런 레이어가 유행했다.

머리길이는 세미 롱이 압도적이었는데(그림38) 여기에 쇼트 헤어가 신선한 감각으로 대두되기도 했다. 쇼트 헤어도 점차 여성의 부드러움과 신비성을 표현하는 것으로 변해갔다. 즉 짧게 커트한 세미 롱의 머리를 가지고 머리 끝부분의 컬은 턱선 보다 위에서 정리하여 머리끝을 뒤집어 세워 옆으로 퍼지게 했다. 또 롱 헤어를 완전히 올려서 머리 위에서 손질하거나, 앞머리를 세세하게 컬을 주어 포인트를 주기도 했다(그림39). 한편 커트할 때는 목덜미에 난 머리는 살에 딱 붙여서 보브가 되도록 스타일 퍼머를 하였다.

그 외에 얼굴 주위에만 쇼트 웨이브를 준 클래식한 머리형의 경우, 언저리 부분에만 핀컬 하여 브러시로 부드러운 웨이브가 생기도록 손질했다.

그림38. 세미롱 길이의 헤어

그림39. 앞머리에 컬을 준 헤어

9 1980-1989년

1) 사회문화적 배경

1970년대 중반에서 후반까지를 일반적으로 경제적 침체기, 정치적 동요기, 사회적 분열기라고 한다면 적어도 1987년 주식시장이 붕괴되기 전까지 1980년대는 많은 사람들에게 낙관과 번영의 시기였다.

그림1. 레이건과 낸시여사

미국의 레이건(Reagan)대통령(그림1), 영국의 대처 수상에 의해 서방세계는 다시 보수주의의 성향을 띠게 되었다. 1984년 L.A.올림픽에 동구권 국가가 불참하는 등 고조되었던 동서 냉전의 분위기는 1987년 소련 고르바초프(Gorbachyou)대통령에 의한 글라스노스트, 페레스트로이카와 같은 개방정책으로 국제냉전체제가 서서히 풀리기 시작하였으며, 1989년에는 베를린 장벽이 무너지면서 새로운 정치 국면에 접어들게 되었다.

또한 환경의 중요성을 인식하면서 세계는 공동 운명체의 지구촌 이라는 자각이 일게 되었다. 일반인이 환경 문제에 대한 과학적 보고를 대중 매체를 통해 쉽게 접할 수 있게 되면서 각종 공해와 자연 파괴로부터 환경을 보호하기 위한 문제에 사람들의 관심이 집중되었다.

문화 예술적 측면에서 포스트모더니즘은 기본적으로 파괴적인 형태를 띠고 있으며, 포스트 모더니즘에서 나타나는 절충주의의 공통점은 고급예술, 고상한 취향, 고전주의나 모더니즘 같은 안정된 범주의 개념에 도전했다는 점이다. 이러한 포스트모더니즘은 예술과 일상생활의 경계를 없애거나 고급예술과 대중문화 사이의 차이를 줄이고 그 영향으로 미술과 대중문화, 대중매체의 구분이 모호해지고 예술과 대중문화를 동

그림2. 둥근 천장과 벽화(1983)

그림3. 이탈리아 광장(1979)

그림4. 찰스와 다이애나의 결혼식

일시했다(그림2, 3).

1981년 7월 다이애나(Diana)는 영국의 왕세자 찰스(Charles)와 결혼을 하게 되어 신데렐라가 되었다(그림4). 1982년에는 스티븐 스필버그(Steven Spielberg) 감독 영화 E.T가 만들어져 SF영화 시대의 막을 열었고, 모토로라(Motorola)는 무선 휴대 전화기를 만들어내어 통신계의 개혁을 불러왔다. 80년대 중반에는 브레이크 댄스(break dance), 힙합(hiphop), 하우스(house) 등 흑인 음악이 이슈가 되기도 했으며, 1985년 세계보건기구(WHO)는 에이즈(AIDS)를 유행성 전염병으로 규명했다.

1980년대에는 전후 베이비 붐 세대에 의한 새로운 라이프 스타일의 경향이 나타났는데 1983년에서 1984년 미국의 대도시 교외에 살면서 전문직에 종사하는 젊은 엘리트층인 여피족(yuppie : young urban professional)이 산업계, 정계에서 갑자기 두각을 나타내기 시작하였다. 이들은 물질주의와 소비주의가 만연한 사회에서 직업적 성공과 경제적인 부에 가치를 두며 여가를 즐기는데도 투자를 아끼지 않는 부류이다.

패션은 그야말로 개성화, 다양화, 고급화의 추세를 따르게 되었다. 1980년대에는 돈과 이미지에 집착하는 시대상을 반영하듯 고가의 과시적인 패션을 지향하는 경향이 나타났고, 자신의 부를 고가의 디자이너 의상과 액세서리로 나타내려 했으며 로고가 넘쳐났다. 전면에 로고를 새긴 루이 뷔통(Louis Vuitton)가방과 백, 모스키노(Moschino)의 커다란 벨트 버클과 단추, 샤넬의 장신구와 핸드백 등의 액세서리가 매우 큰 인기를 끌었다. 필로팩스 다이어리와 몽블랑 펜, 그리고 롤렉스 시계는 신분의 상징으로 간주되었다.

이러한 80년대는 다른 어떤 시대에도 그렇게 무절제한 과소비가 행해졌던 적이 없었을 만큼 부자들은 마음껏 사치를 즐겼고 그만큼 빈부의 격차도 커져 갔다.

2) 패 션

1980년대는 패션에 있어서도 서로 다른 문화나 주제가 복합되어 포스트모더니즘적인 특성이 다양하게 표출된 시기이다.

모더니즘적인 사고의 틀을 거부하고 주류와 비주류간의 경계를 해체함으로써 장르가 붕괴되고 서로 혼합되는 양상을 보이는 포스트 모더니즘적 성격은 1980년대 패션의 흐름을 지배했다. 동양적인 것과 서양적인 것의 절충, 남성적인 것과 여성적인 것의 절충, 그리고 앤드로지너스 룩에 대한 새로운 해석 등이 등장하게 되었다(그림5).

그림5. 앤드로지너스 룩

1980년대 가장 대표적인 패션은 어깨에 패드를 넣어 강조한 파워 드레싱(power dressing)으로 이탈리아와 미국에서 열렬한 환영을 받았다. 재킷은 더블브레스트가 많았으며 직장에서 바지가 점차로 허용되었지만 스커트 슈트가 여전히 인기 있었다(그림6, 7, 8).

1980년 영국 패션은 예상치 못했던 곳, 즉 영국왕실로부터 활기를 되찾았다. 다이애나의 완벽하게 차린 스타일이 대중에게 호소력이 있었다. 대부분의 왕실 행사에는 엄격한 규칙에 따라 모자를 착용했고, 그당시의 패션리더였던 다이

그림6. 튀에리 뮈글러의 파워 슈트(1981)

그림7. 아르마니의 슈트(1980)

그림8. 튀에리 뮈글러의 슈트(1984)

애나의 영향으로 호황을 누릴수 있었다. 다이애나는 1980년대 초반에는 작은 스타일을 즐겨 착용했으나, 점점 더 자신감이 붙으면서 넓은 챙이 달린 극적인 디자인을 착용하기 시작했다(그림9, 10). 더해가는 자신감과 세련되어진 취향은 몸에 밀착 되어진 이브닝 드레스와 밝은 색상의 유선형 슈트에도 반영되었다.

그림9. 다이애나

그림10. 다이애나

1980년대에 들어와 경제 강국으로 부상한 일본은 패션문화입국으로도 자리를 확보하기 시작하였다. 이세이 미야케(Issey Miyake), 다카다 겐죠(Takada Kenzo), 요지 야마모토(Yohji Yamamoto) 등의 일본 디자이너들은 재패니즈 룩(japanes look)을 유행시켰다(그림11, 12).

MTV의 등장과 함께 패션에서 팝 음악은 지속적으로 큰 영향을 미치게 되었으며 젊은 이들은 스타들의 독특한 의상에 민감한 반응을 보였다. 마이클 잭슨(Michael Jackson)의 베르사체풍(그림13), 마돈나(Madonna)의 란제리 룩(그림14), 보이 조지(Boy George)의 앤드로지너스 룩, 신디 로퍼(Cindy Lauper)의 펑키 레이어드 룩, 조지 마이클(Georgies Michael)의 가죽 재킷과 남성적인 룩 등이 대표적인 패션이다.

아울러 현대 여성들의 사회 진출 증대와 생활 영역의 확대는 생활수준과 소득의 향상을 가져와 여가를 더 중시하게 되었다. 따라서 자연히 패션에 대한 의식이 높아지고 패션 제품의 질적인 추구와 용도의 다양화 개성화를 요구하게 되었다.

그림11. 이세이 미야케 (1980)

그림12. 다카다 겐죠

1980년대 후반에는 자연보호에 대한 대중의 인식이 고조되면서 패션에도 에콜로지(ecology)가 유행 테마로 등장하였다. 꽃이나 나무 등

그림13. 마이클 잭슨(1984)

그림14. 마돈나의 란제리 룩

과 같은 자연물의 모티브, 깨끗한 산림이나 오염되지 않은 바다를 상기시키는 상징적인 녹색과 파랑색, 천연소재의 사용 등으로 자연 친화적인 이미지를 전달하고자 하였다(그림15, 16).

그림15. 에콜로지 룩

그림16. 에콜로지 룩

그림17. 존 트라볼타 주연의 토요일밤의 열기

3) 메이크업

그림18. 사회에 진출한 여성의 모습

1980년대는 더 이상 메이크업, 헤어, 그리고 일상의 액세서리에 국한되지 않은 토탈 코디의 룩을 보여주고 있다. 여성의 사회진출은 더욱 활발해졌고 패션은 다양화, 고급화, 개성화 등의 포스터 모더니즘적인 영향이 주류를 이루었다. 또한 여권이 신장된 사회에서 성장한 여성들은 일반직과 전문직에서도 남자들과 같이 경쟁을하게 되면서 강한 이미지로 변하였다. 그리하여 화장할 때도 눈썹을 두껍고 진하게 그렸으며, 입술도 진한 색으로 발라서 단호하면서도 강인한 여성의 이미지를 부각시켰다(그림18).

직업을 가진 여성들은 잘 가꾼 피부색이 빛나보이도록 하는 자연스럽고 투명한 섀이드만을 계속 사용했다. 이때 매트 피니시(matte finish) 효과를 표현하기 위한 루스 파우더(loose powder)가 확실한 필수품이었고, 블렌딩(blending)이 아주 중요했다. 특히 아이섀도우, 블러셔, 그리고 파운데이션의 다양한 명암차이는 얼굴과 목 사이에 경계가 생기지 않게 블렌딩 되어야만 했다. 그리고 자연적이든 인공적이든 선탠은 유행에서 뒤처진 것이었고, 트렌드에 대한 정보가 밝은 여성들은 태양 광선이 피부에 미치는 노화 효과를 알고 있어서 외출시에는 꼭 자외선 크림을 발랐다.

1960년대의 깡마른 소녀이미지와 1970년대의 여윈 여성의 이미지가 쇠퇴하면서 1980년대에는 자연스런 아름다움과 건강을 추구하였다. 여기에 적합한 스타 모델인 로즈메리 맥그로타(Rosemary McGrotha)는 크고, 스포티브하고, 삶에 대한 활기찬 열정을 가진 이상적인 타입을 구체적으로 표현했다(그림19).

그림19.로즈메리 맥그로타

관능의 시대인 1980년대는 사람들의 관심을 패션과 메이크업으로 돌렸다. 눈썹은 아주 멋지고 굵고 윤곽이 뚜렷하게 강조했는데, 그려 놓은 듯이 멋진 눈썹은 강렬한 이미지의 얼굴을 만드는데 필요한 부분이었다.

1980년대 초의 여성은 베이비 돌(baby doll)같이 관능적이며 짙은 화장을 한 여성이 인기가 있었으며, 브룩 쉴즈는 80년대의 룩을 대표하는 배우로서 주목을 받았고, 이밖에 복고풍의 영향으로 존 콜린즈(Joan Colins)나 린다 에반스(Linda Evans) 같은 성숙하면서도 섹시한 헐리우드 글래머스타일이 인기를 끌었다(그림20, 21).

그림20. 다이너스티(1985)

그림21. 존 콜린즈와 린다 에반스

1980년대의 풍만하고 균형 잡힌 신체는 70년대 후반에 나타난 아름다움을 기본으로 하며, 부유하거나 성공한 사람은 누구나 개인 트레이너를 두었고, 바디 스타일링(body styling)을 휘트니스 보다 더 중요하게 생각했다. 만일 운동으로 원하는 효과를 얻을 수 없을 때는 성형 수술이 대신했다. 이러한 성형수술은 미국에서만 65%까지 증가하였고, 가슴 확대수술이 다시 인기를 얻었다.

보이시한 체형으로 명성을 얻은 이만(Iman)과 스테파니 시무어(Stefanie Seymour) 같은 많은 수퍼 모델들은 목덜미와 어깨를 드러낸 옷을 입었으며, 허리, 배, 허벅지는 지방 흡입술에 의해 슬림하게 만들었다(그림22).

1980년대 중반부터 관능적인 스타일과는 반대되는 내추럴한 스타일(그림23)이 유행하게 되어 화장품의 색조가 평범해진 반면에 멋에 관심이 많은 젊은 층에서는 작은 얼굴이 유행하기 시작했으며, 메이크업이나 헤어 스타일로 얼굴을 작아 보이게 하거나 미용 성형으로 얼굴을 작아지게 하고 싶어 하는 사람들이 증가하기 시작했다.

그림22. 이만과 스테파니 시무어

그림23. 내추럴한 메이크업

한편, 여성들은 전문 메이크업 아티스트들에 의해 메이크업을 어떻게 해야 하는지 배웠고, 전문 아티스트들은 이제 더 이상 스타들과 모델들에게만 한정된 것이 아니라, 평범한 여성들에게도 메이크업을 해 주었다. 영구적인 착색제가 등장하면서 아이브로우, 아이라이너, 그리고 립라이너 등은 사용자가 선택하는 컬러와 모양으로 문신(tattoo)을 넣기도 했다.

이러한 식물성 색소는 몇 년이 지나면서 점차적으로 옅어졌는데, 이것은 실용적인면도 있었지만 한 가지 주요 단점이 유행에 민감하다는 것이다. 예를 들면 밝은 붉은색 립 라이너와 함께하는 블랙 아이라이너 문신은 1988년에는 이미 시대에 뒤처진 것처럼 보였고, 이때 레블론은 새로운 메이크업 라인인 네이키드(naked)를 선보였다.

1980년대를 대표할 만한 여성 중 마돈나는 1980년대와 1990년대에 가장 인기를 얻은 스타였으며, 수백만 명의 여성들이 그녀의 종교적 장신구, 심하게 블리치를 한 퍼머 머리와 함께 란제리의 영감을 받은 짧은 스커트와 코르셋으로 된 스타일을 모방했으며, 섹시하면서 진한 화장을 유행시켰다(그림24).

그림24. 마돈나의 진한 화장

그리고 그리피스 조이너(Griffith Joyner)는 레이스 트랙의 팝 디바로 불리웠는데, 그녀의 스타일은 극도로 타이트한 형광색의 레오타드(leotard)와 늘어뜨린 컬, 6인치 길이의 긴 손톱, 화려한 색상의 매니큐어와 립 컬러 그리고 거대한 귀걸이로 특징지워지며, 스포츠의 역사와 함께 패션의 역사를 새롭게 만들었다(그림25).

그림25. 그리피스 조이너의 스타일

여기에다가 가장 바쁘고 가장 인기 있는 여배우로 메릴 스트립(Meryl Streep)이 있었고, 미국의 부동산 거물 도널드 트럼프(Donald Trump)의 전처인 이바나 트럼프(Ivana Trump)는 1980년대에 그녀의 아름다움 보다는 사회적 지위로 인해 여성들에 의해 숭배되었다(그림26, 27).

1990년 프랑스 영화 전문가들로 구성된 심사위원단은 이자벨 아자니(Isabelle Adjani)를 1980년대 최고의 여배우로 지명하기도 했는데, 그녀는 유럽에서 가장 오래된 극장 그룹인 코메디 프랑세즈(Domedie Francaise)에 입장을 허가 받은 유일한 여배우였다(그림28).

세계의 가장 유명한 메이크업 아티스트 중 한 명인 세르주 루땅(Serge Lutens)은 메이크업은 더 이상 향상하거나 다시 젊어지는데 이바지 하지 않는다고 했으며, 또한 아티스트들은 디자인을 다루고 있으면서 동시에 얼굴 표현에 중점을 둔다고 말하기도 했다. 그러면서 그는 강렬한 컬러들을 선호했고, 1980년 일본의 화장품 거대 기업인 시세이도(Shiseido)로 옮기기 전에는 디올에 있었다(그림29).

1980년대 후반에는 리쎄션(Recession)으로 인해 고급 화장품의 성장률이 6%대로 주춤해 졌다. 그러나 새로운 리포좀(liposome), 세라마이드(ceramides), 또는 콜라겐

그림26. 메릴 스트립

그림27. 이바나 트럼프

그림28. 이자벨 아자니

(collagen)이 함유된 안티에이징(antiaging) 제품들이 값비싸지만 놀랄만한 효과를 발휘했다.

여드름을 치유하기 위해 개발된 AHA(alpha-hydroxy acids)크림은 피부의 외피와 검버섯과 미세한 주름과 같은 손상을 없애주며 재생효과가 있는 제품으로 증명되었고, 이로 인해 화장품과 약을 밀접하게 관련시켜 적용하기 시작했다.

피부과 전문의들은 아름다움의 문제에 있어서 여성들에게 훌륭한 조언자가 되었으며, 이로 인해 전문적인 케어와 함께 메이크업으로 더 이상 피부의 결점을 감출 필요가 없게 되었다.

시세이도사에서 워터 프루프 마스카라를 출시하는 등, 1980년대 화장품업계는 셀룰로오즈(cellulose)를 이용해서 마스카라의 수명을 늘리고 속눈썹을 풍성하게 보이게 하는 제품을 만들기도 했으며, 크리스찬 디올사에서는 리포좀 개발이 성공함으로써 고기능성 제품을 만들어 내는 시대가 도래 하게 되었다.

그림29. 세르주 루땅의 메이크업

한편 자연의 힘을 통한 아름다움, 용천(spring water), 하이드로 스파

(hydro spa), 그리고 뷰티 팜(beauty farm)은 1980년대 여성에게 생기 넘치고 건강한 외모를 약속했고, 엘리자베스 아덴은 두드러지게 촉촉한 립스틱인 립 스파(lip spa)로 이 트렌드에 부응했다(그림30, 31).

그림30. 하이드로 스파

그림31. 엘리자베스 아덴의 립 스파

4) 헤 어

1980년대에 들어와서는 잡지가 점점 세분화되었는데, 이것은 사람들의 관심사가 다양해져서 옛날처럼 일괄적인 소재로는 독자들을 잡을 수 없게 되었기 때문이다. 즉 개개인의 레벨과 TPO에 따라서 세분화되어 졌고, 메이크업과 헤어에 있어서도 마찬가지였다. 1980년대의 헤어는 전시대부터 흘러온 내추럴한 기본 이미지가 그대로 전해지고 있었고, 전문 뷰티 살롱이 대중화되어 많은 사람들이 이용하였다(그림32). 그리고 헤어드레서가 창작 활동으로 해마다 작품을 발표하여 그 해의 트렌드를 미리 짐작할 수 있게 되었다.

그림32. 뷰티 살롱의 모습

슈퍼모델 이만(Iman)은 얼굴에서 떨어지도록 브러시가 된 빅 헤어(big hair)를 해서 주목을 받기도 했는데, 이처럼 약간의 볼륨감을 줘서 부풀려진 헤어스타일은 1980년대 여성들 사이에서 커 보이는 효과를 표현하기 위해 행해지기도 했다(그림33).

그림33. 이만의 빅 헤어

이 당시 레겐스부르크 출신의 글로리아 본 투른 운트 탁시스(Gloria von Thurn und Taxis)공주는 독일의 가십 잡지인 분테(Bunte)의 헤드라인을 매주 장식했고, 영국의 선

(Sun)에서부터 파리 마치(Paris Match)에 이르기까지 세계의 선정적인 언론의 가십 칼럼을 가득 채웠다. 그녀의 고귀한 룩, 특히 끊임없이 변화하는 헤어 연출은 전 세계의 주목을 받았고(그림34), 이를 위해 그녀는 뮌헨의 게르하르트 마이어(Gerhard Meir)와 같은 스타 헤어 드레서를 고용해 서비스를 받았다(그림35).

그림34. 글로리아 본 투른 운트 탁시스

그림35. 게르하르트 마이어

한편 영국의 찰스 황태자와 다이애나비의 결혼식으로 다이애나비의 자연스럽게 컬진 커트가 여성들 사이에 폭발적으로 유행했다. 이 스타일을 자연스러우면서도 그녀의 이미지와 잘 어울렸고 한층 여성스러워 보이게 했다(그림36).

그림36. 다이애나의 커트 헤어

1980년대 가장 특징적인 머리형태는 펑크 스타일로 1970년대 후반 영국의 젊은이들에 의해 혐오스러운 복장과 함께 머리를 괴상한 모양으로 자른다거나 갖가지 색으로 염색을 하고 다닌 것에서 유래되었으며 1980년대 들어 유행하게 되었다.

이러한 펑크족의 머리형태는 머리의 양옆은 면도를 하고 앞이마부터 뒷목둘레까지는 둥근 모양으로 자르는 모혹 스타일(mohawk style)(그림37)과 불규칙한 길이의 머리를 빳빳이 세운 스파이키 스타일(spiky style)(그림38), 그리고 옆머리는 자르지 않은 채로 머리가운데 부분으로 머리를 모아 부채살 모양으로 젤이나 무스로 빳빳이 세운 폴큐핀 스타일(porcupine style)(그림39), 머리를 빡빡 깎아서 그 위에 물감으로 그림을 그리고 다니기도 한 스킨 헤드(skin head)(그림40) 등이 있으며 그 중에서 모혹 스타일이 가장 유명했다.

펑크족들은 이런 무시무시하고 거친 위협적 머리형을 함으로써 자신의 좌절을 밖으로 나타내었고, 일반인들이 그들에게 관심을 갖도록 유도했다. 이것은 양식적 특성으로 볼 때 서구에 무시무시한 위협적 스타일의 머리형태가 유행하게 되는 계기가 되었다.

그림37. 모혹 스타일

그림38. 스파이키 스타일

그림39. 폴큐핀 스타일

그림40. 스킨 헤드

그리고 뉴 웨이브(New Wave)의 영향으로 머리형태에도 새로운 것을 추구해서 칼 루이스(Carl Lewis)의 플랫 톱(flat top), 스티브 심프슨(Steve Simpson)의 긴 웨이브 헤어 등과 함께 다양한 색깔의 염색을 많이 했으며 부드러운 웨이브가 유행하였다(그림41).

1980년대 중반에 등장한 앤드로지너스는 데이빗 보위(David Bowie)풍의 짧은 소년과 같은 머리를 헤어 로션이나 드라이로 손질해 리드미컬한 여러 가지 스타일로 만들었다(그림42). 그리고 이때부터 헤어스타일은 어느 한 성의 독점물이 아니라 자신의 개성을 넘어 표현 할 수 있는 것으로 인식 되었다.

그림41. 칼 루이스의 플랫 톱

그림42. 데이빗 보위의 다양한 헤어스타일

10 1990-1999년

1) 사회문화적 배경

그림1. 걸프전(1991)

진정한 20세기는 제1차 세계대전이 발발한 1914년 시작되어 소련이 해체된 1991년에 끝났다고 할 정도로 전쟁과 이데올로기의 대립으로 점철된 20세기는 20세기 말 소련의 해체로 미국·소련의 양자 대립 구도가 무너짐으로써 새로운 전기를 맞게 되었다. 1991년 벽두를 장식한 걸프 전쟁은(그림1) 한달 여만에 미군 및 다국적군의 승리로 끝나 미국이 전 세계의 맹주로 존재하며 새로운 세기에도 세계의 승자로 군림할 것임을 확실히 예고했다. 독일의 통일과 소련의 해체로 냉전이 종식되자 동구권 국가들은 소련으로부터 정치적 독립을 주장하기 시작하였고, 아프리카에서는 민족 분규가 그치지 않았으며, 미국의 L.A.에서는 흑인폭동이 일어났다.

사회적으로는 소비생활에 많은 변화를 가져왔다. 1990년대에는 퍼스널 컴퓨터(personal computer)가 일반화 되고 정보의 네트워크가 이루어졌으며 전후 컴퓨터 세대들은 그들만의 독특한 문화를 형성하게 되어 리조트와 쾌락, 감각주의로 빠져들게 되었다. 이러한 과정에서 중류계급에서 그들만의 독특한 라이프 스타일을 가진 중상계급이 세분화하기 시작했고 이들에 의해 소비가 확대되고 더욱 성숙해져 생활의 질을 중시하게 되었다.

그림2. 힐러리 클린턴

1992년에 전후세대로서 최강의 군사력과 적극적인 경제정책으로 미국을 새롭게 탄생시킨다는 노선을 지향하면서 빌 클린턴(Bill Clinton)이 미국의 제42대 대통령에 당선되었다. 여기에 크게 공헌한 인물이 바로 그의 아내이자 정치적 동반자인 힐러리(Hillary)이다(그림2). 그녀는 냉철하며 결단력이 강한 성격의 소유자로 현대 여성상을 대변한다고 할 수 있다.

1990년대 글로벌리즘(Globalism)은 모든 사람들의 생활 변화에 기반을 둔 것이다. 즉, 전자 통신과 교통수단의 발달, 그리고 인터넷의 급속한 확산으로 문자 그대로 세계는 하나의 지구임을 실감하게 되었다.

1999년 1월 유럽 단일 통화 유로(euro)가 등장하여 하나 된 유럽은 세계사의 주역으로 화려하게 재등장했다. 한편 1997년 홍콩의 중국반환과 중국의 경제적 급성장으로 중국을 비롯한 아시아 경제가 한 번 주목을 받게 되었다.

NASA에서는 탐사선 패스파인더(Pathfinder)를 발사해 화성탐사에 나섰으며, 유전자 조작으로 복제양 돌리를 탄생시켰고, 2000년에는 인간 게놈 지도의 초안이 밝혀졌다.

한편, 엘리뇨와 라니뇨 등 기상이변이 일상적 현상이 되자 환경의 중요성이 대두되면서 무공해 상품임을 보증하는 에콜로지 마크가 등장하는가 하면, 녹색 연합 등의 환경보호 단체들의 움직임이 크게 가시화 되었고, 의식주의 모든 부분에서 환경친화적인 상품이 많이 선보였다. 자연과 환경에 대한 인식과 중요성이 패션에도 부각되면서 환경오염으로 인한 지구촌 전반의 위기감이 재활용과 자연보호로 강조되어 색상, 소재, 스타일 등에도 전반적인 영향을 미쳤다.

2) 패 션

1990년대 패션의 주요 키워드는 스타일 보다는 세계화였다. 1990년대 들어 전 세계인의 생활변화에 기반하여 패션에 있어서의 새로운 글로벌리즘이 대두되었다. 즉 케이블 TV, 위성방송, 인터넷, 패션 잡지 등을 통하여 최신의 세계 패션 정보가 전 세계에 동시 전달되면서 패션에 대한 관심이 전반적으로 증가하였다.

1980년대 과소비와는 반대로 1990년대에는 현재 소유하고 있는 것을 소중히 하자는 리사이클 패션(recycle fashion)이 나타났고, 에콜로지 테마가 1980년대에 이어 더욱 확산되고 있다. 물질적 풍요로움 보다는 마음의 풍요를 중시하며 정신적 세계에 대한 향수로 인해 과거와 미래, 동양과 서양이 독특하게 재구성되어 세련된 이미지를 탄생시켰다. 이러한 자연주의 성향과 복고풍 분위기는 에콜로지 룩과 연결되며 에스닉 스타일(ethnic style), 그런지 스타일(grungy style), 네오 히피 스타일(neo-hippie Style), 네오 클래식 스타일(neo classic style)등으로 1990년대의 두드러진 세계 패션의 흐름으로 나타났다(그림3, 4).

1990년대 중반에 이르러서는 여성들은 많은 노출을 통해 페미니즘(feminism)적 표현을 하기에 이르렀고, 속이 비치는 직물의 생산과 기술의 발달로 인해 시스루(see through)룩은 1990년대 대중적으로 크게 성공한 유행 가운데 하나이다(그림5). 여기에다가 미니멀(minimal)적 표현방법을 통해 인체를 노출하거나 란제리 룩을 통해서 여성의 성을 에로틱하게 표현했다(그림6). 한편 포스트모더니즘의 영향으로 복고풍(retro Look)이 다시 강조 되었다(그림7, 8).

그림3. 그런지 룩

그림4. 네오 히피 룩

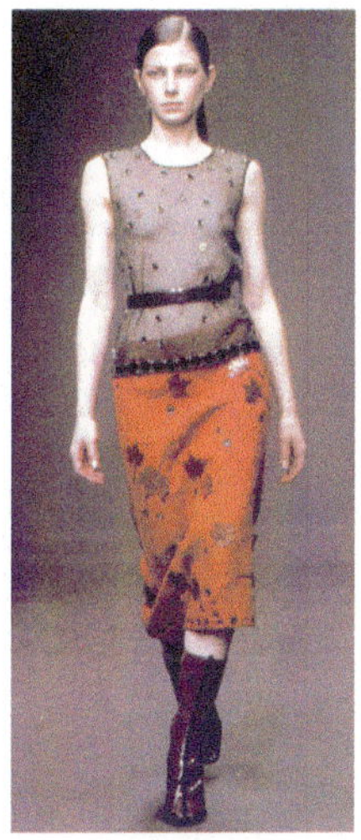

그림5. 프라다의 시스루 룩(1990)

그림6. 돌체 앤 가바나의 란제리 룩(1992)

그림7. 르네상스시대 러프를 재현한 레트로 룩

그림8. 호블스커트를 재현한 레트로 룩

그림9. 뉴욕의 힙합 패션(1999)

그림10. 런던의 힙합패션

이 밖에 젊은 층을 위한 패션에 막대한 영향을 미친 힙합패션이 있다. 이것은 안에 입은 속옷의 허리 고무 밴드가 보이도록 밑위가 무릎까지 올 정도로 긴 배기 팬츠(baggy pants)를 입고 거리를 청소한다고 할 정도로 바지단을 길게 끌고 다녔으며, 역시 헐렁한 상의를 입었다(그림9, 10).

21세기가 가까워지면서 패션 브랜드의 세계화와 아시아 시장의 성장을 반영하듯 민속풍의 디자인을 하는 디자이너가 많아졌다. 민속풍의 영감의 원천은 아프리카의 소수부족에서 아시아, 남아메리카에 이르기까지 다양하였다(그림11, 12, 13).

그림11. 아프리카풍의 에스닉 패션

그림12. 아시아풍의 에스닉 패션

그림13. 아메리카풍의 에스닉 패션

그 밖에도 뉴 에이지 컬러(new age color)는 미래의 패션을 이끌어갈 새로운 개념을 이루는데 이것은 자연을 탐험과 정복의 의미가 아닌 경의와 동경으로 보는 시각에서 출발했다. 뉴 에이지 컬러는 흰색과 메탈(metal)의 금 · 은색을 의미하며 우주의 3차원의 세계를 상징하고 더불어 메탈, 스판텍스 외에 신소재와 함께 우주의 신비와 아름다움을 표현하는 요소가 되었으며 이것들은 패션에서 사이버 펑크 룩(cyber punk look)으로 표현되었다(그림14).

1990년대에는 무엇보다도 패션의 경향이 포스트모더니즘의 영향으로 특별히 어떤 양식이 정해져 있지 않고, 잘 어울린다고 느껴지는 것을 규칙에 얽매이지 않게 표현함으로써 다양한 스타일이 혼합되는 양상으로 발전하고 있다(그림15, 16).

그림14. 사이버 펑크 룩(1993)

그림15. 포스트모던 룩 (1997)

그림16. 요지 야마모토의 포스트모던 룩

그림17. 1990년대 메이크업

3) 메이크업

1980년대처럼 1990년대도 수많은 글래머스타일로 시작하였다. 그러나 1990년대는 새로운 커리어 우먼들에 의해서가 아니라 슈퍼모델들에 의한 스타일이었다. 그들은 스타로서의 지위를 확립했으며 심지어 헐리우드 스타들보다 더 빛이 났다(그림18). 또한 그 전까지의 여러 가지 스타일을 재현하는 복고풍과 이국적이고 민속적인 감각이 등장했다.

그림18. 슈퍼모델, 지젤번천

1990년대 초의 화장 경향은 모든 과거의 복고적인 스타일이 다양하게 시도되었으며, 92년에는 여성스러운 로맨틱한 스타일이 유행되었다. 그리고 자연환경의 보호문제가 사회적인 이슈가 되면서 자연그대로의 색감과 질감을 나타내는 다양한 스타일들이 선호되었다(그림19).

그림19. 자연환경보호 캠페인의 화장품

한편 1990년대에는 성형기술이 주름을 없애고, 흑인의 피부를 탈색시켜 백인처럼 만들 정도로 놀라운 속도로 발전하기도 하였다.

1990년대 초 미국 여성들은 여전히 잡지표지에서 자신의 패션이나 메이크업에 대한 정보를 얻었으며, 패션 잡지에서는 더 어리고, 빼빼하게 마르고, 남자 같은 외모에 전혀 메이크업을 하지 않은 새와 같은 스타일의 여성을 제시하고 있었다.

이러한 패션 트렌드에 맞춰 화장의 색조도 엷어지고 가벼워졌으며, 피부도 투명하게 표현하고 눈썹과 입술은 아주 흐리게 그리는 내추럴한 메이크업이 나타났다(그림20).

그림20. 내추럴한 메이크업

뉴욕의 메이크업 아티스트인 딕 페이지(Dick Page)와 케빈 어코인(Kevyn Aucoin)은 대다수의 표지 모델들을 위한 패션 룩을 디자인하였다. 페이지는 파운데이션을 모두 지우고, 볼에 빛깔을 내기 위해 립스틱을 바셀린과 섞어 발랐고, 눈꺼풀 위에 바셀린을 살짝 미끄러지듯 바르고, 최소량의 마스카라를 이용하였다(그림21). 또한 케빈 어코인이 담당했던 대부분의 모델들의 메이크업은 1980년대의 화려했던 메이크업에 비해 비교적 크게 향상되었다. 그는 자신이 메이크업 할 모델들의 타고난 아름다움을 무시하기보다는 이를 더 장점화하기 위해 정교하고 민첩한 손놀림을 보여주었다(그림22).

그림21. 딕 페이지와 그의 작품

그림22. 케빈 어코인과 그의 작품

패션 디자이너와 패션쇼, 메이크업 룩을 디자인하는 사람들은 빠른 시간 내에 완성할 수 있는 속도감 있는 스피드 메이크업을 요구하였으며, 트리시 맥에보이(Trish McEvoy), 바비 브라운(Bobbi Brown), 로라 메르시에(Laura Mercier)와 프랑소와 나스(Francois Nars)는 자연스럽게 보이기 위해 메이크업이 많이 필요 없는 투명한 얼굴을 디자인하였다(그림23, 24, 25).

그림23. 바비 브라운

그림24. 로라 메르시에

그림25. 프랑소와 나스

또한 메이크업 아티스트인 프랑소와 나스(Francois Nars)는 현대 메이크업은 여성의 얼굴을 압도하거나 또는 여성의 아름다움이나 개성을 감추지 않고 자연스런 외모를 향상시켜야 한다고 말했다.

1990년대 중반까지 점점 더 많은 뉴욕의 메이크업 전문가들이 메이크업 계열의 사업에 뛰어 들면서 메이크업 아티스트들에 열광하는 사람들은 그들이 만든 화장품을 구매하려고 모여들기 시작했다. 메이크업 아티스트들과 모델들이 오래전에 설립된 파리의 파마시르 클레르 (Pharmacie Le Clerc)가 만든 파우더를 사용한다는 것이 사람들에게 알려지자 곧바로 제품에 대한 주문이 쇄도했다(그림26). 또한 1851년 설립된 파마시 키엘(Pharmacie Kiehl)이 만든 유기농 제품들이 하룻밤 사이에 유명해졌다.

1990년대 중반에는 다시 두껍고 화려한 화장이 유행하기도 했으나 이러한 경향은 스스로 즐기기 위한 개인의 선택이었으며, 다양한 인종의 개성을 그들 고유의 아름다움으로 인정하게 되었고, 패션회사인 베네통은 이러한 사회의 분위기를 읽어 광고에 이용하기도 하였다.

그림26. 파마시 르 클레르 파우더

일반 여성들이 화려해지면서 슈퍼모델의 비중이 작아졌고 여기에 반대하는 그런지 형태가 나타났다. 이러한 안티 패션의 새로운 변형은 패션과 미용 산업에 의해 그 전에 나온 것들보다 훨씬 더 빨리 시장에서 선보였다. 이것은 벨기에 디자이너 마틴 마르지엘라(Martin Margiela)에 의해 선보였는데, 마치 거리에서 픽업된 것 같이 보이는 모델들의 얼굴에 짙고 선명하지 않은 메이크업에 조각으로 연결한 의상을 입혀서 무대에 등장시켰다(그림27). 그리고 새로운 스타일을 갈망하고 있던 사람들은 재빨리 고급 잡지들에 이러한 사진을 싣기 시작했다.

그림27 . 마틴 마르지엘라 진한 화장

하지만 이러한 스타일이 전체 10년 동안 계속 보여지진 않았으며, 대신에 앞 시대에 보여 졌던 스타일들이 재연되었다. 해체주의(deconstructivism)가 패션 이슈로 남아있긴 했지만 그런지는 1993년에 절정과 쇠퇴를 경험하면서 아름다움에 대한 갈망을 뉴 글래머로 표현하였다. 이 때 광택이 눈과 입술에 더해졌고, 심지어 반짝이는 티아라(tiara)를 머리에 장식했다(그림28). 그리고 슈퍼모델들이 다시 돌아와 사람들의 각광을 받기 시작했다.

그림28. 티아라 장식

그 후 오래지 않아 헤로인 쉬크(heroin chic)를 나타내기 위해 메이크업이 다시 사라져야 했고, 이러한 헤로인 쉬크는 실제보다 아름답게 보이지 않는 가장 어리고 가장 마른 모델들을 통해서 보여주었다.

자연스런 신선함이 다시 패셔너블하게 되었고, 반짝이고 촉촉한 피부 빛과 빛나고 깔끔한 헤어와 함께 여성들은 마치 샤워를 하고 걸어 나온 것처럼 보여야만 했다. 이처럼 투명하고 내추럴한 룩을 돋보이게 하기위해 메이크업 아티스트들과 헤어 드레서들은 테크닉이 더 좋아야만 했다. 제품들은 더욱 더 특수화되었고, 그래서 오직 전문가들만이 선 프로텍션, 모이스처라이저, 컬러 토너, 투명 파운데이션의 바르는 순서를 추측하고, 자연스런 피부 빛이 루스 파우더나 스프레이로 마무리될 필요가 있는지 없는지를 추측하는 입장에 있었다. 그리고 컬러 없는 마스카라를 사용해서 눈썹이 촉촉하게 유지하고 있는 것처럼 보이게 만들었으며 입술은 컬러가 결여됨에도 불구하고 광택이 나고 형태가 잡혀졌다(그림29, 30, 31, 32, 33, 34, 35).

과거의 스타일을 최신의 스타일로 바꾸기를 원하는 여성들은 전문가들의 충고를 받아들였으며, 잡지와 TV에서는 그것에 대한 내용들을 보여주었다. 또한 유명한 비포 앤드 애프터 쇼(before and after shows)를 통해 변화를 원하는 여성들이 끊임없이 이어졌다. 모든 사람들은 최신의 스타일을 찾았으며, 호르몬 치료(hormone therapy)로부터 도

그림29. 선 프로텍션

그림30. 모이스처라이저

그림31. 컬러토너

그림32. 투명파운데이션 화장

그림33. 루스 파우더

그림34. 마스카라

그림35. 광택 나는 입술

움을 얻기도 했다.

이제 미용은 유전자와 돈보다 지성과 정보에 훨씬 더 의존하는 과학이 되었다. 하지만 어떤 것에 관해서든 여유가 있는 사람들이 최상의 역할 모델들이 되는 것은 아니다. 적절한 예로 팝스타 마이클 잭슨의 경우 인종과 관련된 그의 외모의 모든 특징을 외과 수술로 제거시키므로 해서, 의학이 가능하게 할 수 있는 모든 것을 해야만 하는가 라는 질문을 던지게 한다(그림36). 파멜라 앤더슨(Pamela Anderson)을 비롯한 많은 여성들은 거대한 가슴에 대한 유행이 지났을 때 가슴에 이식해 넣은 것을 제거했고(그림37), 제니 시무츠(Jenny Shimuzu)와 같은 모델들이 문신으로 세상을 떠들썩하게 했을 때 여성들이 화려한 문신을 하거나(그림38), 두꺼운 입술 등 유행의 주기가 짧아질수록 일시적인 해결책이 더 빈번하게 등장했다.

실리콘을 대체한 원더브라(Wonderbra)와 일시적인 타투가 1990년대의 히트상품이었다(그림39, 40). 한편 페드로 알모도바르(Pedro Almodovar) 감독의 영화에서 로시 드 팔마(Rossy de Palma)의 못생긴 아름다움(ugly beauty)과 신경 쇠약 직전의 역할이 그녀를 유명하게 만들기도 했다(그림41).

새로운 밀레니엄에 어울리는 아름다움의 이상을 찾으면서 개성이 부각되었고, 전 세계

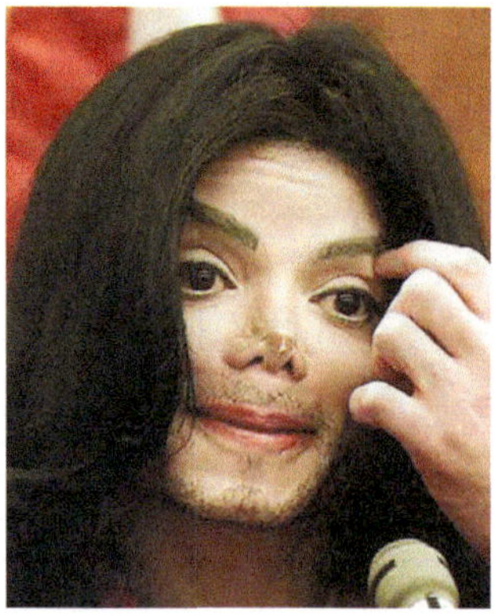

그림36. 마이클 잭슨

그림37. 파멜라 앤더슨

그림38. 제니 시무츠

그림39. 원더브라 광고

그림40. 타투, 안젤리나 졸리

그림41. 로시 드 팔마

의 패션과 모델들을 통해서 사람들은 미학적인 안목을 넓혔으며 슈퍼모델의 완벽함을 다시 한 번 수용하였다.

사람들은 오랫동안의 삶이 묻어난 백발과 얼굴들이 아름다울 수 있다는 것을 느꼈으며, 이것은 새로운 것이 아니라 단지 재발견되었을 뿐이다. 젊음의 열광을 시작으로 점점 나이가 들기 시작하고 있는 사람들은 그들의 머리가 희끗해지는데도 불구하고 여전히 트렌드에 맞추어서 새로운 모습으로 보여지기를 원하고 있다.

4) 헤 어

1990년대의 헤어스타일은 개인의 독창성이 중요시 되어서 다양한 스타일이 유행을 하였다. 헤어 컬러링이 고도로 발달하여 중요한 부분을 차지하고 있고, 인간의 다양한 감성을 표현하는 하나의 도구로 사용되고 있다.

90년대 초에는 환경파괴와 생태계의 보존이 심각한 문제로 제기되면서 자연을 보호하자는 운동과 함께 에콜로지 룩이 유행하였고, 이와 함께 헤어스타일은 밝은 색의 길고 자연스런 웨이브가 유행하였다(그림42). 또한 엘리트주의에 대한 반동으로 누더기를 걸치며 거리의 부랑자적인 특성을 나타낸 그런지 룩의 유행과 함께 앞머리를 직선적인 뱅으로 짧게 자르고 뒷머리는 숏 커트를 한 머리형태도 유행하였다(그림43).

그림42. 에콜로지 룩

또한 중반으로 오면서 인종의 다양성이 인정되고, 제3국에 대한 관심이 증진되면서 아프리카 풍의 힙합 레게(hiphop reggae)풍의 패션과 헤어 스타일이 유행하였다. 이에 따라 헤어 스타일은 빗질하지 않아 부스스해진 머리, 머리 전체를 땋은 아프로 브레이드 형식의 머리, 타이트한 웨이브 머리 등이 유행하였고

그림43. 뱅헤어 웨이브

그림44. 힙합 레게풍의 헤어

이디오피아형의 모자나 두건이 유행하였다(그림44).

또한 오리엔탈 룩이 유행하면서 인도나 중국풍의 생머리나 직선인 뱅을 한 머리형태가 유행하였다. 또한 미니멀리즘의 유행에 따라 머리형태도 단순한 형태가 유행하였는데, 과잉장식을 배제하고 짧은 머리를 하던가 긴 머리를 할 때에는 생머리나 굵은 웨이브를 보여주었다(그림45, 46, 47).

그림45. 뱅 헤어

그림46. 긴 생머리

그림47. 굵은 웨이브

헤어드레서들이 1990년대에 주목을 받으면서 메이크업 아티스트처럼 자신의 이름으로 스타처럼 대우 받기 시작했다. 독일의 게르하르트 마이어(Gerhard Meir)와 말리스 묄러(Marlies Moller)와 같이 그들의 제품 라인을 시장에 출시한다는 것은 크게 놀랄일이 아니었다(그림48, 49).

이 10년 동안의 헤어스타일은 미국 TV 코미디 시리즈 프렌즈(Friends)의 제니퍼 애니

그림48 . 게르하르트 마이어

그림49 . 말리스 묄러와 제품

스톤(Jennifer Aniston)이 했던 레이어드 룩을 많은 사람들이 모방했다. 이 헤어 스타일은 레이첼(Rachael)이라는 이름이 붙여졌고, 다가오는 밀레니엄의 헤어스타일이 되었다(그림50). 그것은 분명하게 눈에 띄는 하이라이트에도 불구하고, 단지 더 가늘고 더 짧아진 파라 포셋 메이저의 유명한 블로우 드라이한 스타일을 상기시키는 것이었다.

그림50 . 제니퍼 애니스톤의 레이첼 머리

그리고 헤어가 젤이나 강한 스프레이 없이 자연스럽게 흘러내려야 했기 때문에 그러한 스타일을 만들기 위해서는 커트와 컬러가 중요해졌다(그림51).

슈퍼모델 린다 에반젤리스타(Linda Evangelista)는 몇 번의 변화를 겪으면서 그때마다 새로운 헤어 컬러나 스타일을 연출했다. 린다는 길이가 긴 다크 블론드의 헤어로 시작해서 짧은 백금색의 요부 같은 웨이브, 불꽃같이 붉은 컬, 마침내는 어두운 양성적 페이지보이(androgynous pageboy)스타일로 등장했다(그림52). 후반에는 패션이 더욱 다양해

그림51. 헤어컬러와 커트 테크닉

그림52. 린다 에반젤리스타의 변화된 헤어스타일

지면서 개성이 강조되었는데, 나를 강조하는 시대사조에 따라 머리형태도 두상을 드러내는 방식으로 머리에 볼륨을 주지 않고 두상에 딱 달라붙는 스트레이트형이 유행을 했다. 또한 헤어 패션계에 중요한 역할을 한 비달사순의 헤어 트렌드를 보면 1990년대 말에는 어시매트릭 렝스(asymmetrical lenth)로 길이를 다르게 표현하거나, 디스콘넥션(disconnction)스타일로 머리 길이의 연결을 일부러 끊던가, 콘실 대 빌리(concealed vs revealed)형으로 안쪽 층 모발은 짧게 자르고 바깥층은 길게 잘라 머리의 움직임을 최대로 하는데 관심을 두었다(그림53).

그림53. 비달사순 어시매트릭 렝스

또한 재질감에 강조를 두어 윤기 있고 빛나는 머릿결을 중요시하였다. 이를 위해 밝은 금발과 대담한 핑크색이 유행을 하였고, 모발의 색이 중요시됨에 따라 강한 붉은색과 따뜻한 밤색이 유행을 하였다(그림54). 웨이브는 굵은 것이 유행을 하여 자연스런 머리 스타일을 강조하였다. 헤어스타일의 예술화 개념이 확산되어 머리 모양도 환상적인 모양의 다양한 스타일로 만들어 패션쇼 등에 많이 등장하였다(그림55, 56).

그림54. 따뜻한 컬러의 머리 색상

그림55. 굵은 웨이브 헤어

그림56. 패션쇼 헤어

참고문헌

고대 이집트 문명전 조직위원회(1997), 고대 이집트 문명
곽형심 외(2004), 미용문화사, 청구문화사
유태순(1999), 패션과 여성, 학지사
전선정 외(2001), 미용미학과 미용문화사, 청구문화사
정흥숙(2001), 서양복식문화사, 교문사
최민령 외(2004), 뷰티 메이크업, 예림
현대패션100년편찬위원회(2003), 현대패션 1900-2000, 교문사

Charles Jencks 저, 신수현 역(1994), 포스트 모더니즘, 열화당
Cyril Barrett 저, 정미희 역(1987), 옵 아트, 미진사
JeanPaul Bouillon 저, 윤철규 역(1994), 아르누보, 열화당
Kenneth Baker 저, 김수기 역(1993), 미니멀리즘, 열화당
Lionel Richard 저, 주미숙 역(1994), 바우하우스, 열화당
Robert Lebel 저, 김정란 역(1995), 초현실주의2, 열화당
Robyn Cosio with Cynthia Robins 저, 허준, 김광숙, 신석영 역(2005), 눈썹의 역사, 동서교류
Valreie Mendes, Amy de la Haye 저, 김정은 역(2003), 20세기 패션, 시공사
Victoria Ebin 저, 임숙자 역(1988), 신체장식, 경춘사
青木英夫 저, 유태순, 조기여, 이화순 역(2004), 서양화장문화사, 동서교류

深井晃子(1999), 世界服裝史, 美術出版社
大沼 淳(2002), 西洋服裝史, 文化服裝學院編
青木英夫(1979), 西洋化粧文化史, 源流社
石山 彰(1988), 西洋のヘア・ファッション, ポーラ文化研究所
三芳伸吾(1998), 50s Fashion Style 3, ピエ・ブックス
三芳伸吾(1998), 50s Fashion Style 5, ピエ・ブックス
三芳伸吾(2003), Late 60s Fashion Style, ピエ・ブックス

Alain Rustenholz(2003), Make up Alain Rustenholz, Hachette Illustrated UK
Alberto Carlo Carpiceci(1994), Art and History of Egypt, Bonechi
Amy de la haye(1988), Fashion Source Book, Wellfleet Press
Akira Ishiyama(1986), The Charm of Art Nouveau, Tokyo:Graphic Co
Blanche Payne(1965), History of Costume, N.Y.:Harper&Row Publishers,
Colin McDowell(2000), Fashion Today, Phaidon
Charolotte Seeling(1999), FASHION The Century of Designer 1900-1999, Konemann
Caroline Rennolds Milbank(1989), New York Fashion, Harry N.Abrams, Inc., New York,
Caroline Rennolds Milbank(1985), COUTURE The Great Fashion Designers, Thames & Hudson
Chris Pearce, THE SIXTIES A Pictorial Review, Blossom Book,
Elane Feldman(1992), Fashion of A Decade The 1990s, B.T.Batsford London
Engelmeier(1990), Fashion in Film, Prestel
Francois Baudot(1999), FASHION The Twentieth Century, Universe
Francoise Giroud(1987), Dior Christian Dior 1905-1957, Thames & Hudson
Francois Boucher(1983), 20,000 Years of Fashion, Harry N. Abrams, Inc., Publishers, New York
Gertrud Lehnert(2000), A History of Fashion, konemann
Gerda Buxbaum(1999), Icons of Fashion The 20th Century, Prestel
Georgina Howell(1991), IN VOGUE 75 Years of Style, Conde Nast Books
Georgina O' Hara(1986), The Encyclopaedia of Fashion, Thames & Hudson
Joanne Olian(1992), Everyday Fashions Of The Forties, Dover Publications, inc., New York
Jacqueline Demornex(1991), Madeleine Vionnet, Thames & Hudson
Joel Lobenthal(1990), RADICAL RAGS Fashions of The Sixties, Abbeville Press
Janemulvagh(1988), Costume Jewelry in Vogue, Thames & Hudson

James Laver(1985), Costume & Fashion A Concise history, Thames & Hudson
Karl Groning(1997), Decorated Skin A World Survey of Body Art, Thames & Hudson
Klaus Jurgen Semback(1996), Art Nouveau, Koln:Tashen
Linda Watson(1999), Vogue Twentieth Century Fashion, Carton Book
Ludmila Kybalova(1975), Das grobe Bilderlexikon der Mode, Vom Altertum bis zur Gegenwart
Madeleine Ginsburg(1990), THE HAT, Studio Editions
Marco Tosa(1987), VESTITI DA SERA 1900-1940, ZanfiEditori
Mablen Jones(1987), Gettingiton, Abbeville Press Publishers. New York
Marion Fletcher(1984), Costum in Australia 1788-1901, Oxford University Press
Nathalie Chahine(2000) BEAUTE DU SIECLE. EDITIONS ASSOULINE.
Norman Parkinson(1983), Fifty Years of Style and Fashion, The Vendome Press New York,
Phaidon(1998), The Fashion Book, Phaidon Press Limited
Palmer White(1986), Elsa Schiaparelli, Rizzoli New York
Richard Corson(2003), Fashion In Makeup, Peter Owen
Ron Schanmburg(1976), Growing up with The Beatles, A Harvest/HBJ Book
Richard Lawton(1974), Aworld of Movies 70Years of Film History, Bonanza Books New York
Renato Barilli(1969), Art Nouveau, N.Y: Paul Hamlyn
Stella Blum(1986), Everyday Fashions Of The Thirties, Dover Publications, inc., New York
Ted Polhemus(1994), Street Style, Ted Polhemus
Valerie de Givry(1998), ART & MODE, Regard
Valerie Steele(1991), Women of Fashion Twentieth Century Designers, Rizzoli New York
Vicky Carnegy(1990), Fashion of A Decade The 1980s, B.T.Batsford London
Valerie Lloyd(1986), The Art Of Vogue Photographic Covers, Harmony Books, New York
Yvonne Deslandres(1986), POIRET, Thames & Hudson

Fashion News, 1997.12, Vol.44
Fashion News, 1998.12, Vol.50
Fashion News, 2000/2001 A/W, Vol.64
Fashion News, 1998 S/S, Vol.45
Gap Press, Preet-a-porter, 2001, S/S, Vol.33
Gap Press, Preet-a-porter, 2000/2001 A/W, Vol.29

그림출처

〈기원〉
그림 1. Karl Groning(1997), Decorated Skin A World Survey of Body Art, Thames & Hudson, p.129
그림 2. p.134
그림 3. p.99
그림 4. p.149
그림 5. 大沼 淳(2002), 西洋服裝史, 文化服裝學院編, p.11
그림 6. Karl Groning(1997), p.73
그림 7. p.124
그림 8. p. 141
그림 9. p.23
그림 10. p. 125
그림 11. Victoria Ebin 저, 임숙자 역(1988), 신체장식, 경춘사, p.18
그림 12. p.73

참고문헌

〈고대〉

이집트

그림 1. Alberto Carlo Carpiceci(1994), Art and History of Egypt, Bonechi, p117
그림 2. p.115
그림 3. 고대 이집트 문명전 조직위원회(1997), 고대 이집트 문명, p.48
그림 4. Alberto Carlo Carpiceci(1994), p.37
그림 5. p.43

그리스

그림 6. 深井晃子(1999), 世界服裝史, 美術出版, p.14
그림 7. James Laver(1985), Costume & Fashion A Concise history, Thames & Hudson, p.42
그림 8. Francois Boucher(1983), 20,000 Years of Fashion, Harry N. Abrams, Inc., Publishers, New York, p.107
그림 9. Ludmila Kybalova(1975), Das grobe Bilderlexikon der Mode, Vom Altertum bis zur Gegenwart, p.65

로마

그림 10. Francois Boucher(1983), p.121
그림 11. Alain Rustenholz(2003), Make Up, Hachette, p.53
그림 12. James Laver(1985), p.33
그림 13. Ludmila Kybalova(1975), p.325
그림 14. Francois Boucher(1983), p.124
그림 15. Ludmila Kybalova(1975), p.77

〈중세〉

비잔틴

그림 16. 大沼 淳(2002), p.36
그림 17. James Laver(1985), p.49
그림 18. p. 49

로마네스크

그림 19. 유태순(1999), 패션과 여성, 학지사. p.34
그림 20. Francois Boucher(1983), p.181

고딕

그림 21. 大沼 淳(2002), p.48
그림 22. Francois Boucher(1983), p.208
그림 23. p.208
그림 24. p.205

〈근세〉

르네상스

그림 25. Ludmila Kybalova(1975), p.161
그림 26. Francois Boucher(1983), p.241
그림 27. 大沼 淳(2002), p.64
그림 28. Ludmila Kybalova(1975), p.345

바로크

그림 29. Francois Boucher(1983), p.279
그림 30. http://www.gandiva.de/25_Fontange_gross_.325x371.jpg

그림 31. 大沼 淳(2002), p.73

로코코
그림 32. 深井晃子(1999), p.89
그림 33. James Laver(1985), p.126
그림 34. Ludmila Kybalova(1975), p.417
그림 35. Valerie de Givry(1998), ART & MODE, Regard, p.56
그림 36. 大沼 淳(2002), p.93
그림 37. Francois Boucher(1983), p.301

〈근대〉
엠파이어
그림 38. Francois Boucher(1983), p.345
그림 39. 大沼 淳(2002), p.96
그림 40. Francois Boucher(1983), p.344
그림 41. James Laver(1985), p.154

로맨틱
그림 42. 石山 彰(1988), 西洋のヘア?ファッション, ポーラ文化研究所, p.6
그림 43. Francois Boucher(1983), p.371
그림 44. p.361
그림 45. Ludmila Kybalova(1975), p.399

크리놀린
그림 46. 정흥숙(2001), 서양복식문화사, 교문사, p.320
그림 47. Francois Boucher(1983), p.379
그림 48. p.378
그림 49. Valerie de Givry(1998), p.67

버슬
그림 50. Madeleine Ginsburg(1990), THE HAT, Studio Editions, p.93
그림 51. Marion Fletcher(1984), Costum in Australia 1788-1901, Oxford University Press, p.140

S-curve
그림 52. 정흥숙(2001), p.343

〈1900-1909〉
그림 1. Jean Paul Bounllon 저, 윤철규 역(1994), 아르누보, 열화당, p.59
그림 2. Klaus Jurgen Semback(1996), Art Nouveau, Koln:Tashen, pp.73-75
그림 3. Renato Barilli(1969), Art Nouveau, N.Y: Paul Hamlyn, p.137
그림 4. Jean Paul Bouillon 저, 윤철규 역(1994), p.55
그림 5. Gerda Buxbaum(1999), Icons of Fashion The 20th Century, Prestel, p.15
그림 6. Amy de la haye(1988), Fashion Source Book, Wellfleet Press, p.25
그림 7. Caroline Rennolds Milbank(1985), COUTURE The Great Fashion Designers, Thames & Hudson, p.44
그림 8. Janemulvagh(1988), Costume Jewelry in Vogue, Thames & Hudson, p.27
그림 9. Caroline Rennolds Milbank(1989), New York Fashion, Harry N. Abrams, Inc., New York, p.54
그림 10. Caroline Rennolds Milbank(1985), p.41
그림 11. http://www.familyevents.net/aweb

그림 12. http://www.gbacg.org/gibsonfashion.htm
그림 13. http://www.gbacg.org/gibsonfashion.htm
그림 14. http://www.gbacg.org/gibsonface.htm
그림 15. http://www.costumes.org/classes/makeupclass
http://www.costumes.org/classes/makeupclass
그림 16. Charolotte Seeling(1999), FASHION The Century of Designer 1900-1999, Konemann, p.46
그림 17. http://www.barbarabays.com/images
그림 18. http://www.markenmuseum.com/galerien/g/pages
그림 19. http://www.ellisparkerbutler.info
그림 20. Alain Rustenholz(2003), Make up Alain Rustenholz, Hachette Illustrated UK, P.36
그림 21. Charolotte Seeling(1999), p.47
그림 22. http://www.vintageblues.com/history_main.htm
그림 23. Valerie de Givry(1998), ART & MODE, Regard, p.59
그림 24. Amy de la haye(1988), Fashion Source Book, Wellfleet Press, p.16
그림 25. Charolotte Seeling(1999), p.46
그림 26. Marco Tosa(1987), VESTITI DA SERA 1900-1940, ZanfiEditori, p.26
그림 27. http://tallulahs.com/frhats1.html
그림 28. http://tallulahs.com/frgaby1.html
그림 29. http://tallulahs.com/frhats2.html
그림 30. Charolotte Seeling(1999), p.45
그림 31. http://tallulahs.com/frlina1.html
http://tallulahs.com/frlina4.html
그림 32. http://www.revampvintage.com/10smarcel.html
http://www.revampvintage.com/10samwave.html
http://www.revampvintage.com/10samwave.html
http://www.revampvintage.com/10samwave.html
http://www.revampvintage.com/10samwave.html
http://www.revampvintage.com/10smarcel.html
그림 33. http://tallulahs.com
그림 34. http://tallulahs.com
http://www.rogerco.freeserve.co.uk
그림 35. Charolotte Seeling(1999), p.48
Amy de la haye(1988), p.35
그림 36. http://www.hairarchives.com/private
그림 37. http://www.hairarchives.com/private
그림 38. http://www.hairarchives.com/private

〈1910-1919〉
그림 1. Lionel richard 저, 주미숙 역(1994), 바우하우스, 열화당, p.71
그림 2. p.70
그림 3. p.58
그림 4. 深井晃子(1999), 世界服裝史, 美術出版社, p.134
그림 5. Caroline Rennolds Milbank(1989), p.49
그림 6. James Laver(1985), Costume & Fashion A Concise history, Thames & Hudson, p.214
그림 7. Charolotte Seeling(1999), p.28
그림 8. Yvonne Deslandres(1986), POIRET, Thames & Hudson, p.130
그림 9. p.121
그림 10. Charolotte Seeling(1999), p.26
그림 11. Georgina O' Hara(1986), The Encyclopaedia of Fashion, Thames & Hudson, p.33

그림 12. Janemulvagh(1988), Costume Jewlry In Vogue, Thames & Hudson, p.40
그림 13. Richard Lawton(1974), Aworld of Movies 70Years of Film History, Bonanza Books New York, p.30
http://www.ellisparkerbutler.info
Caroline Rennolds Milbank(1985), COUTURE The Great Fashion Designers, Thames & Hudson, p.35
그림 14. Charolotte Seeling(1999), p.79
그림 15. p.52
그림 16. http://www.vanitytreasures.com/cosmetics_make-up_facial-care
http://www.vanitytreasures.com/cosmetics_make-up_facial-care
그림 17. http://www.md.rainer-lorenz.com/html
그림 18. http://www.lbusd.k12.ca.us/twain/images/stcenter
http://www.africanamericans.com/JosephineBaker.htm
그림 19. http://www.rtve.es/informa/tveinforma/historico
그림 20. http://silentladies.com/Negri/
그림 21. http://silentladies.com/Bara/
Alain Rustenholz(2003), Make up Alain Rustenholz, Hachette Illustrated UK, p.37
그림 22. Charolotte Seeling(1999), p.78
그림 23. http://www.ellisparkerbutler.info
http://silentladies.com/Negri
그림 24. http://www.jssgallery.org/Paintings/Mugs
그림 25. http://www.vanity-treasures.com/carryalls_wristchain
http://www.vanitytreasures.com/carryalls_wristchain
그림 26. http://www.thepcfixer.co.uk/users/jlenton
그림 27. Charolotte Seeling(1999), p.79
그림 28. http://www.vanitytreasures.com/rouge_boxes_tins
http://www.vanitytreasures.com/rouge_boxes_tins
http://www.vanitytreasures.com/rouge_boxes_tins
그림 29. http://www.vanitytreasures.com/face_powder
http://www.vanitytreasures.com/face_powder
http://www.vanitytreasures.com/face_powder
그림 30. http://www.viterboincartolina.it/storia/cavalieri
그림 31. http://www.vanitytreasures.com/lipsticks
http://www.vanitytreasures.com/lipsticks
그림 32. http://www.vanitytreasures.com/cosmetics_make-up_facial-care
그림 33. Charolotte Seeling(1999), p.81
그림 34. http://www.wisconsinhistory.org/whi/fullRecord.
그림 35. http://silentladies.com/BCastleI.html
그림 36. http://www.cobbles.com/simpp_archive
http://www.unl.edu/scarlet
그림 37. Richard Lawton(1974), p. 24
http://www.ellisparkerbutler.info
Janemulvagh(1988), p.39
그림 38. http://www.geh.org/taschen/html
그림 39. http://silentladies.com/Bara
http://silentladies.com/Bara
그림 40. http://silentladies.com/Negri
http://silentladies.com/Negri
그림 41. http://silentladies.com/Pickford
http://www.mybestgirl27.com
http://www.geocities.com/marypickford2000

참고문헌

〈1920－1929〉

그림 1. Blanche Payne(1965), History of Costume, N.Y.:Harper&Row Publishers, pp.529-535
그림 2. Akira Ishiyama(1986), The Charm of Art Nouveau, Tokyo:Graphic Co, p.106
그림 3. p.106
그림 4. Charolotte Seeling(1999), p.84
그림 5. Francois Baudot(1999), FASHION The Twentieth Century, Universe, p.63
그림 6. Amy de la haye(1988), p.56
그림 7. Georgina O' Hara(1986), p.80
그림 8. Charolotte Seeling(1999), p.97
그림 9. Amy de la haye(1988), p.57
그림 10. Georgina O' Hara(1986), p.75
그림 11. Francois Baudot(1999), p.71
그림 12. Richard Lawton(1974), Aworld of Movies 70Years of Film History, Bonanza Books New York, p.71
그림 13. Charolotte Seeling(1999), p.111
그림 14. Gerda Buxbaum(1999), p.41
그림 15. Charolotte Seeling(1999), p.86
그림 16. Richard Lawton(1974), p.42
그림 17. http://www.costumes.org/history/20thcent
그림 18. Richard Lawton(1974), p.100
그림 19. http://www.gloriaswanson.com
http://silentladies.com/Swanson
그림 20. http://waynesweb.ualr.edu/African
그림 21. http://silentladies.com/Bow
그림 22. http://silentladies.com/Moore
그림 23. http://silentladies.com/Brooks
그림 24. Charolotte Seeling(1999), p.123
그림 25. http://www.ellisparkerbutler.info
그림 26. http://www.vanitytreasures.com/lipsticks
그림 27. http://www.vanitytreasures.com/cosmetics_make-up_facial-care
그림 28. http://www.poster.de/Woodruft-Porter
그림 29. Yvonne Deslandres(1986), POIRET, Thames & Hudson, p. 237
http://www.gloss.com/product/index
그림 30. http://inherownwrite.net/dramadiva
그림 31. http://www.ellisparkerbutler.info
http://silentladies.com/Bow
http://silentladies.com/Bow
그림 32. http://www.costumes.org/history/20thcent
http://www.costumes.org/history/20thcent
그림 33. http://scriptorium.lib.duke.edu/eaa/ponds
그림 34. http://inventionatplay.org/inventors
그림 35. http://www.silentladies.com/Bara
그림 36. http://www.vanity-treasures.com/nail_care
그림 37. http://www.costumes.org/history/20thcent
그림 38. http://www.ellisparkerbutler.info
그림 39. http://www.deutsches-filminstitut.de
그림 40. http://www.eternaljewels.com/misc23.
http://www.dg125.com/RadioAdvertising/Images
그림 41. http://www.jpatrickmahoney.com/Tindeco
그림 42. http://www.vanitytreasures.com/talc_body_bath
그림 43. http://www.vanitytreasures.com/vanity_compacts

http://www.vanitytreasures.com/vanity_compacts
그림 44. http://www.rubylane.com/ni/shops/timeinabottle
http://www.rubylane.com/ni/shops/timeinabottle
그림 45. http://www.vanitytreasures.com/vanity_compacts
http://www.vanitytreasures.com
http://www.vanitytreasures.com/vanity_compacts
그림 46. Charolotte Seeling(1999), p.86
그림 47. http://silentladies.com/Moore
http://silentladies.com/Moore
http://silentladies.com/Brooks/pages
http://silentladies.com/Brooks/pages
그림 48. Charolotte Seeling(1999), p.122
그림 49. http://silentladies.com/Bow
http://silentladies.com/Moore
그림 50. http://silentladies.com/Bow
http://silentladies.com/Moore
http://silentladies.com/Bow
그림 51. Gertrud Lehnert(2000), A History of Fashion, konemann, p.21
그림 52. http://www.hairarchives.com/private
http://www.hairarchives.com/private
http://www.hairarchives.com/private
그림 53. Georgina O' Hara(1986), The Encyclopaedia of Fashion, Thames & Hudson, p.167
그림 54. http://www.hairarchives.com/private
http://www.hairarchives.com/private
그림 55. Georgina O' Hara(1986), p.195
그림 56. http://www.hairarchives.com/private
http://www.hairarchives.com/private

〈1930－1939〉

그림 1. Robert Lebel 저, 김정란 역(1995), 초현실주의2, 열화당, p.48
그림 2. Gertrud Lehnert(2000), A History of Fashion, konemann, p.39
그림 3. Charolotte Seeling(1999), p.166
그림 4. Palmer White(1986), Elsa Schiaparelli, Rizzoli New York, p.47
그림 5. p.135
그림 6. Valerie Steele(1991), Women of Fashion Twentieth Century Designers, Rizzoli New York, p.64
그림 7. Jacqueline Demornex(1991), Madeleine Vionnet, Thames & Hudson, p.111
그림 8. p.121
그림 9. Gerda Buxbaum(1999), p.44
그림 10. Georgina O' Hara(1986), p.52
그림 11. http://www.ellisparkerbutler.info/epb/pic/v09/american_girl_1933_02_a.jpg
그림 12. Charolotte Seeling(1999), p.177
그림 13. p.171
그림 14. Robyn Cosio with Cynthia Robins 저, 허준, 김광숙, 신석영 역(2005), The Eyebrow 눈썹의 역사, 동서교류, p.53
그림 15. Alain Rustenholz(2003), p.102
그림 16. http://www.idg.hu/expo/divatcsarnok
그림 17. http://www.bigballoonmusic.com/goddardreagan/images
그림 18. http://www.tangee.com
그림 19. http://www.vanitytreasures.com/face_powder
http://www.vanitytreasures.com/face_powder

http://www.parfum-flacon.at/firmenseiten
http://www.vanitytreasures.com/face_powder
그림 20. http://classicmoviefavorites.com/garbo
그림 21. http://classicmoviefavorites.com/harlow
그림 22. Charolotte Seeling(1999), p.172
그림 23. Richard Lawton(1974), p.106
그림 24. http://www.themave.com/bijou
그림 25. http://www.classicmoviekids.com/images
http://www.laserdisken.dk/html
그림 26. http://www.theage.com.au/ffximage
http://www.meredy.com/gwtw
그림 27. Charolotte Seeling(1999), p.170
그림 28. Alain Rustenholz(2003), p.26
그림 29. http://www.lucilleball.net/collection
그림 30. http://www1.folha.uol.com.br/folha/almanaque/images
그림 31. http://cgi.ebay.com/JEAN-PATOU-JOY-PARIS-PERFUMED-TANNING-OIL
그림 32. Richard Lawton(1974), Aworld of Movies 70Years of Film History, Bonanza Books New York, p.181
Richard Lawton(1974), p.183
Richard Lawton(1974), p.184
http://www.etheatre.com/images
그림 33. http://www.return2style.de/swingstyle/makeup
http://www.return2style.de/swingstyle/makeup
그림 34. eBay BD 1930 Cutex Finger Nail Products Print Ad!
그림 35. http://cgi.ebay.com/VINTAGE-LEATHER-CASED-CUTEX-MANICURE-SET
그림 36. Gertrud Lehnert(2000), p.34
그림 37. http://www.themave.com/Powell
그림 38. Alain Rustenholz(2003), p.144
그림 39. http://www.allposters.com/gallery.
그림 40. http://classicmoviefavorites.com/crawford
http://www.postershop.com/Crawford-Joan
http://www.postershop.com/Crawford-Joan
그림 41. Richard Lawton(1974), p.136
그림 42. Charolotte Seeling(1999), p.185
그림 43. http://www.meredy.com/garbotriv.htm
http://classicmoviefavorites.com/garbo
그림 44. Amy de la haye(1988), p.78
그림 45. Charolotte Seeling(1999), p.133
그림 46. Amy de la haye(1988), p.79
그림 47. p.79
http://www.revampvintage.com/30sbrushcurling.html
http://www.revampvintage.com/30sbrushcurling.html
그림 48. Robyn Cosio with cynthia Robins 저, 허준, 김광숙, 신석영 역(2005), p.58
그림 49. http://www.things-and-other-stuff.com/images
그림 50. http://www.things-and-other-stuff.com/images
그림 51. http://us.movies1.yimg.com/movies.yahoo.com/images
http://classicmoviefavorites.com/harlow
http://www.silverscreensirens.com/galleries
그림 52. Stella Blum(1986), Everyday Fashions Of The Thirties, Dover Publications, inc., New York, p.72

〈1940－1949〉

그림 1. Francois Baudot(1999), p.131
그림 2. Charolotte Seeling(1999), p.201
그림 3. James Laver(1985), p.253
그림 4. Charolotte Seeling(1999), p.208
그림 5. p.229
그림 6. Amy de la haye(1988), p.97
그림 7. Engelmeier(1990), Fashion in Film, Prestel, p.89
그림 8. Amy de la haye(1988) p.97
그림 9. Gerda Buxbaum(1999), p.62
그림 10. Charolotte Seeling(1999), p.263
그림 11. Gertrud Lehnert(2000), p.41
그림 12. Alain Rustenholz(2003), p.22
그림 13. Charolotte Seeling(1999), p.227
그림 14. http://www.return2style.de/swingstyle/makeup
http://www.return2style.de/swingstyle/makeup
그림 15. http://www.classicmoviemusicals.com
http://vintagemoviefan.freehomepage.com
http://vintagemoviefan.freehomepage.com
그림 16. http://www.twohillbillies.com/ebay
http://www.twohillbillies.com/ebay
그림 17. Charolotte Seeling(1999), p.228
그림 18. http://cgi.ebay.com/1945-Bourjois-Evening-In-Paris-Perfume
http://cgi.ebay.com/40s-vintage-EVENING-in-PARIS-bourjois-MAKEUP
그림 19. http://www.twohillbillies.com/ebay
그림 20. http://www.twohillbillies.com/ebay
그림 21. http://www.twohillbillies.com/ebay
http://www.twohillbillies.com/ebay
http://www.twohillbillies.com/ebay
http://www.twohillbillies.com/ebay
그림 22. http://www.briansdriveintheater.com/cheesecake
http://www.allposters.com/-sp
그림 23. http://cgi.ebay.com/1940s-Vintage-AVON-COSMETICS-Magazine-Ad
http://cgi.ebay.com/Vintage-1940s-AVON-COSMETICS-Magazine-Ad
그림 24. Amy de la haye(1988), p.82
그림 25. http://www.matadorblossom.com/images
http://silverscreensirens.com/galleries
http://vintagemoviefan.freehomepage.com/images
그림 26. Richard Lawton(1974), p.194
http://shots.oxo.li/hot/OXO-World
http://www.briansdriveintheater.com/cheesecake
그림 27. http://www.strangecelebrities.com/images
그림 28. http://cgi.ebay.com/LHeure-Attendue-by-Jean-Patou-Paris-Eau-de-toilette
Charolotte Seeling(1999), p.170
그림 29. p.228
그림 30. http://www.cr8on.com/bottles.htm
그림 31. http://www.northwestcollectibles.com/gallery
그림 32. Charolotte Seeling(1999), p.204-205
그림 33. Engelmeier(1990), Fashion in Film, Prestel, p.86
p.87

p.85
그림 34. Alain Rustenholz(2003), P.23
그림 35. http://cgi.ebay.com/Soneeta-Nylon-Hair-Net-1940s-Excellent
그림 36. Amy de la haye(1988), p.83
그림 37. Joanne Olian(1992), Everyday Fashions Of The Forties, Dover Publications, inc., New York, p.55
그림 38. http://silverscreensirens.com/galleries
그림 39. http://www.lib.berkeley.edu/MRC/noir/images
그림 40. http://silverscreensirens.com/galleries
http://silverscreensirens.com/galleries
http://www.poster.de/Lake-Veronica
그림 41. http://www.brazenhussies.com/public_html
그림 42. Charolotte Seeling(1999), p.227
그림 43. Engelmeier(1990), p.109
그림 44. p.108
그림 45. Richard Lawton(1974), p.202
p.247
그림 46. http://www.hairarchives.com/private
http://www.hairarchives.com/private
http://www.hairarchives.com/private
http://www.hairarchives.com/private
그림 47. http://www.hairarchives.com/private
http://www.hairarchives.com/private
http://www.hairarchives.com/private
그림 48. http://www.hairarchives.com/private
http://www.hairarchives.com/private
그림 49. http://www.hairarchives.com/private

〈1950-1959〉
그림 1. Georgina Howell(1991), IN VOGUE 75 Years of Style, Conde Nast Books, p.149
그림 2. http://kr.image.search.yahoo.com/search/images
그림 3. Gerda Buxbaum(1999), p.77
그림 4. Engelmeier(1990), p.48
그림 5. p.48
그림 6. Colin McDowell(2000), p.43
그림 7. Caroline Rennolds Milbank(1985), p.237
그림 8. Francoise Giroud(1987), Dior Christian Dior 1905-1957, Thames & Hudson, p.96
그림 9. Charolotte Seeling(1999), p.263
그림 10. Francoise Giroud(1987), p.130
그림 11. p.135
그림 12. Ted Polhemus(1994), Street Style, Thames & Hudson, p.33
그림 13. 三芳伸吾(1998), 50s Fashion Style 5, p.4
그림 14. 三芳伸吾(1998), 50s Fashion Style 3, p.93
그림 15. Charolotte Seeling(1999), p.233
그림 16. http://www.costumes.org/history/20thcent
그림 17. 三芳伸吾(1998), 50s Fashion Style 3, ピエ?ブックス, p.72
p.82
그림 18. Linda Watson(1999), Vogue Twentieth Century Fashion, Carton Book, p.51
그림 19. Alain Rustenholz(2003), p.101
그림 20. 三芳伸吾(1998), 50s Fashion Style 5, p.38

三芳伸吾(1998), 50s Fashion Style 3, p.29
그림 21. 三芳伸吾(1998), 50s Fashion Style 5, p.52
Charolotte Seeling(1999), p.286
Linda Watson(1999), p.53
그림 22. http://www.allposters.com/gallery
http://www.findthebesthere.com
그림 23. http://silverscreensirens.com/galleries
그림 24. http://www.art.com/asp/sp-asp
http://www.art.com/asp/sp-asp
그림 25. http://silverscreensirens.com/galleries
http://silverscreensirens.com/galleries
그림 26. http://www.findthebesthere.com
http://www.ustar.net
그림 27. http://www.evsc.k12.in.us/icats/sigclasses
그림 28. Valerie Lloyd(1986), The Art Of Vogue Photographic Covers, Harmony Books, New York, p.114
그림 29. 三芳伸吾(1998), 50s Fashion Style 5, p.63
p.62
http://cgi.ebay.com/1958-DuBarry-Royal-Lipstick-Ad
그림 30. Charolotte Seeling(1999), p.285
그림 31. http://cgi.ebay.com/50s-vintage-AVON-cosmetic-MAKEUP-ann-SOTHERN-beauty-AD
그림 32. http://www.sandradeefans.com
http://www.sandradeefans.com
그림 33. Richard Corson(2003), Fashion In Makeup, Peter Owen, p.529
그림 34. http://www.astraldream.com/cover
그림 35. http://cgi.ebay.com/Vintage-Pifco-Ladies-Massager
http://cgi.ebay.com/BOXED-PIFCO-DEEP-HEAT-MASSAGER-COMPLETE-WITH-5-ATTACHME
그림 36. http://cgi.ebay.com/Harriet-Hubbard-Ayers-Silver-Rouge-Compact
http://cgi.ebay.com/COLLECTIBLE-HARRIET-HUBBARD-AYERS-FACE-POWDER-SEALED
그림 37. http://cgi.ebay.com/1958-MAX-FACTOR-HI-FI-LIPSTICK-LG-COLOR-AD
그림 38. http://www.hetek.hu/images
그림 39. http://www.ie.metu.edu.tr/~ie404/Persons
그림 40. http://cgi.ebay.com/1950s-LOT-3-TALCUM-Powder-ADVERTISING-Tins-UNUSED-FULL
그림 41. http://www.sandradeefans.com
그림 42. 三芳伸吾(1998), 50s Fashion Style 3, p.28
그림 43. 三芳伸吾(1998), 50s Fashion Style 5, p.9
그림 44. 三芳伸吾(1998), 50s Fashion Style 3, p.18
그림 45. http://www.allposters.com/gallery.
http://www.allposters.com/gallery.
http://www.allposters.com/gallery.
그림 46. 三芳伸吾(1998), 50s Fashion Style 5, p.32
p.10
그림 47. 三芳伸吾(1998), 50s Fashion Style 3, p.12
p.15
http://www.bobbydarin.net
그림 48. 三芳伸吾(1998), 50s Fashion Style 3, p.18
Janemulvagh(1988), p.89
그림 49. Engelmeier(1990), p.103
그림 50. http://www.stellargraffiti.com
그림 51. http://www.leninimports.com
그림 52. http://www.triviatribute.com/images4

http://veggie.utopiax.org/sexyveg
http://www.uknet.com/showcase
그림 53. 三芳伸吾(1998), 50s Fashion Style 5, p.12
p.53
그림 54. p.58
그림 55. 三芳伸吾(1998), 50s Fashion Style 3, p.80

〈1960-1969〉
그림 1. Chris Pearce, THE SIXTIES A Pictorial Review, Blossom Book, p.84
그림 2. p.66
그림 3. Francois Baudot(1999), p.225
그림 4. Cyril Barrett 저, 정미희 역(1987), 옵 아트, 미진사, p.6
그림 5. p.46
그림 6. Joel Lobenthal(1990), RADICAL RAGS Fashions of The Sixties, Abbeville Press, p.82
그림 7. Valerie de Givry(1998), ART & MODE, Regard, p.30
그림 8. Kenneth Baker 저, 김수기 역(1993), 미니멀리즘, 열화당, p.31
그림 9. Gertrud Lehnert(2000), p.66
그림 10. Francois Baudot(1999), p. 209
그림 11. Gertrud Lehnert(2000), p.64
그림 12. Joel Lobenthal(1990), p.182
그림 13. p.87
그림 14. p.62
그림 15. Chris Pearce, p.1
그림 16. Gerda Buxbaum(1999), p.92
그림 17. http://www.jfklibrary.org/images
그림 18. Ron Schanmburg(1976), Growing up with The Beatles, A Harvest/HBJ Book, p.19
그림 19. Amy de la haye(1988), p.140
그림 20. Colin McDowell(2000), Fashion Today, Phaidon, P.361
그림 21. Valerie Lloyd(1986), p.121
그림 22. 三芳伸吾(2003), Late 60s Fashion Style, ピエ?ブックス, p.12
Valerie Lloyd(1986), p.156
그림 23. http://www.swinginchicks.com/penelope
그림 24. Joel Lobenthal(1990), p.191
그림 25. Valerie Lloyd(1986), p.130
그림 26. http://www.hansandpaul.com
그림 27. Valerie Lloyd(1986), p.156
Gerda Buxbaum(1999), Icons of Fashion The 20th Century, Prestel, p.93
그림 28. Valerie Lloyd(1986), p.135
그림 29. p.143
그림 30. http://www.isdesigners.com/kenn
그림 31. http://www.postershop.com/Bardot-Brigitte
그림 32. Charolotte Seeling(1999), p.394
http://www.lunaticaus.blogger.com.br
http://coolchicks.imess.net/twiggy/twiggy_gallery
그림 33. Georgina Howell(1991), IN VOGUE 75 Years of Style, Conde Nast Books, P.172
Joel Lobenthal(1990), RADICAL RAGS Fashions of The Sixties, Abbeville Press, p.108
Linda Watson(1999), p.55
그림 34. Valerie Lloyd(1986), p.128
그림 35. Colin McDowell(2000), P.120

그림 36. Valerie Lloyd(1986), p.154
Richard Corson(2003), p.565
Joel Lobenthal(1990), p.117
그림 37. Janemulvagh(1988), p.141
Joel Lobenthal(1990), p.121
p.188
p.163
그림 38. Janemulvagh(1988), p.141
그림 39. Linda Watson(1999), p.60
그림 40. Joel Lobenthal(1990), p.229
Phaidon(1998), p.374
그림 41. Janemulvagh(1988), p.141
그림 42. Joel Lobenthal(1990), p.37
그림 43. Alain Rustenholz(2003), p.118
그림 44. Charolotte Seeling(1999), p.396
그림 45. http://cgi.ebay.com/50s-vintage-AVON-cosmetic-MAKEUP-rosalind-RUSSELL-ad
그림 46. http://www.vanitytreasures.com/lipsticks
그림 47. Charolotte Seeling(1999), p.396
p.396
그림 48. http://cgi.ebay.com/Vintage-1968-JADE-EAST-cologne-after-shave-ad-Retro
그림 49. Joel Lobenthal(1990), p.67
그림 50. Charolotte Seeling(1999), p.395
그림 51. Joel Lobenthal(1990), p.12
그림 52. Gertrud Lehnert(2000), p.58
그림 53.Valerie Steele(1991), Women of Fashion Twentieth Century Designers, Rizzoli New York, p.140
Phaidon(1998), p.410
그림 54. http://coolchicks.imess.net/twiggy/twiggy_gallery
Valerie Lloyd(1986), p.136
그림 55. http://www.farahdiba.dostweb.com
그림 56. http://www.firstladies.org/biographies
그림 57. Joel Lobenthal(1990), p.162
그림 58. 三芳伸吾(2003), Late 60s Fashion Style, p.162
p.166
그림 59. http://www.cra-pro.com/masterpiececreator/model
그림 60. 三芳伸吾(2003), Late 60s Fashion Style, p.16
p.167
그림 61. p.34
그림 62. p.72
p.62
그림 63. Joel Lobenthal(1990), p.111
그림 64. Janemulvagh(1988), p.146
그림 65. Amy de la haye(1988), p.164
그림 66. Joel Lobenthal(1990), p.140
그림 67. Chris Pearce, The Sixties a Pictorial Review, Blossom Book, p.7

〈1970-1979〉

그림 1. Norman Parkinson(1983), Fifty Years of Style and Fashion, The Vendome Press New York, p.166
그림 2. Caroline Rennolds Milbank(1989), p.245
그림 3. p.245

참고문헌

그림 4. Charolotte Seeling(1999), p.391
그림 5. p. 65
그림 6. p.65
그림 7. p.412
그림 8. Gertrud Lehnert(2000), p.86
그림 9. Amy de la haye(1988), p.159
그림 10. Gertrud Lehnert(2000), p.80
그림 11. Amy de la haye(1988), p.161
그림 12. Charolotte Seeling(1999), 400
그림 13. p.408
그림 14. p.409
그림 15. p.446
그림 16. p.446
http://www.enjoyart.com/single_posters
그림 17. http://www.robokopp.de/images
그림 18. Phaidon(1998), p.317
그림 19. Valerie Lloyd(1986), p.178
p.190
그림 20. Janemulvagh(1988), p.153
Valerie Lloyd(1986), p.162
그림 21. http://www.uic.nnov.ru
그림 22. http://upload.wikimedia.org/wikipedia
그림 23. http://www.postershop.com/Hemingway-Margaux
그림 24. http://www.brooke.by.ru
그림 25. Valerie Steele(1991), p.150
Gertrud Lehnert(2000), p.80
그림 26. Caroline Rennolds Milbank(1985), p.113
Joel Lobenthal(1990), p.242
Valerie Steele(1991), p.146
그림 27. http://images.amazon.com/images
그림 28. Mablen Jones(1987), Gettingiton, Abbeville Press Publishers. New York, p.124
그림 29. Valerie Lloyd(1986), p.180
p.181
p.180
그림 30. Charolotte Seeling(1999), p.444
Valerie Lloyd(1986), p.160
그림 31. http://www.thebodyshopinternational.com/web
http://www.thebodyshop.com/bodyshop/index.
그림 32. http://www.kinoweb.de/filme
그림 33. http://www.mtgs.co.uk/htm/curriculum
www.sptimes.ru/secur
그림 34. Charolotte Seeling(1999), p.445
그림 35. http://upchucky.com/GoldenOldiePictures
그림 36. http://silverscreensirens.com/galleries
그림 37. Charolotte Seeling(1999), p.412
그림 38. Valerie Lloyd(1986), p.164
p.191

〈1980－1989〉

그림 1. Vicky Carnegy(1990), Fashion of A Decade The 1980s, B.T.Batsford London, p.7
그림 2. Charles Jencks 저, 신수현 역(1994), 포스트 모더니즘, 열화당, p.83
그림 3. p.70
그림 4. Vicky Carnegy(1990), p.31
그림 5. Francois Baudot(1999), p.314
그림 6. Charolotte Seeling(1999), 424
그림 7. p.527
그림 8. Gertrud Lehnert(2000), p.93
그림 9. Madeleine Ginsburg(1990), THE HAT, Studio Editions, p.140
그림 10 .Charolotte Seeling(1999), p.467
그림 11. p.439
그림 12. Gerda Buxbaum(1999), p.113
그림 13. Vicky Carnegy(1990), p.19
그림 14. Charolotte Seeling(1999), p.491
그림 15. Gap Press, Preet-a-porter, 2001, S/S, Vol.33, p.96
그림 16. Gap Press, Preet-a-porter, 2000/2001 A/W, Vol.29, p.80
그림 17. http://daw.dyndns.org/images/movies
그림 18. Amy de la haye(1988), p.174
Gerda Buxbaum(1999), P.125
그림 19. http://topmodel.seven.it
그림 20. Phaidon(1998), The Fashion Book, Phaidon Press Limited, p.320
그림 21. Charolotte Seeling(1999), p.488
그림 22. http://www.lucire.com/2003
http://www.famousbabes.com
그림 23. Charolotte Seeling(1999), p.514
그림 24. http://www.80s.pl/stars/madonna
http://coolchicks.imess.net/madonna/madonna_gallery
그림 25. http://www.olympic.org/uk/utilities/multimedia/gallery
http://www.olympic.org/uk/utilities/multimedia/gallery
그림 26. http://www.allposters.com/gallery
그림 27. http://www.celebguru.com/image
그림 28. http://www.thinkjapan.gr.jp/~fromout/isabelle/images
그림 29. http://www.pinocchia.com/galleries
그림 30. http://www.dirsmithgroup.com/pools_fountains_waterfalls_spas
그림 31. Charolotte Seeling(1999), p. 515
그림 32. http://www.spaindex.com/MEDIA
그림 33. Charolotte Seeling(1999), p.515
http://www.espartero.net/Personajes
그림 34. http://www.museenkoeln.de/ausstellungen
http://www.angelfire.com/de
http://www.autogrammpool.de/Autogramme
그림 35. http://www.aktion-klimaschutz.de/media
그림 36. Linda Watson(1999), p.70
p.80
http://en.wikipedia.org/wiki/Image
그림 37. http://www.oxbloodoi.com/Gallpunk
그림 38. http://www.oxbloodoi.com/Gallpunk
그림 39. http://www.oxbloodoi.com/Gallpunk
그림 40. Ted Polhemus(1994), Street Style, Ted Polhemus, 표지

Charolotte Seeling(1999), p.578
그림 41. http://www.olympic.org/uk/utilities/multimedia/gallery
그림 42. http://eil.com/products
http://www.chezlaurent.com/boots/artwork
http://www.cdshakedown.com
http://www.chezlaurent.com/boots/artwork

〈1990-1999〉
그림 1. Elane Feldman(1992), ashion of A Decade The 1990s, B.T.Batsford London, p.11
그림 2. Charolotte Seeling(1999), p.577
그림 3. Gerda Buxbaum(1999), p.148
그림 4. Ted Polhemus(1994), p.66
그림 5. Charolotte Seeling(1999), p.538
그림 6. Colin McDowell(2000), p.416
그림 7. Fashion News, 2000/2001 A/W, Vol.64, p.65
그림 8. Charolotte Seeling(1999), p 604
그림 9. Gerda Buxbaum(1999), p.164
그림 10. p.165
그림 11. Fashion News, 1998 S/S, Vol.45, p. 65
그림 12. Gap Press, Preet-a-porter, 2001, S/S, Vol.33, p.88
그림 13. Colin McDowell(2000), p.319
그림 14. Ted Polhemus(1994), p.125
그림 15. Gertrud Lehnert(2000), p.88
그림 16. p.89
그림 17. Charolotte Seeling(1999), p.570
그림 18. http://www.firstview.com/HCfall
그림 19. http://www.avedakorea.com/enter
http://www.avedakorea.com/pfy
http://www.avedakorea.com/products
그림 20. http://www.avedakorea.com/products
그림 21. http://www.jedroot.com/makeup
http://pictureshq.net/dick
그림 22. http://www.sfgate.com/cgi-bin/object/article
http://www.kevynaucoin.com
http://www.kevynaucoin.com
http://www.kevynaucoin.com/books
그림 23. http://www.bobbibrowncosmetics.com/templates
그림 24. http://www.leadersforum.com/member/bristow
그림 25. http://www.estarguapa.com/belleza/maquillaje/imagenes
그림 26. Charolotte Seeling(1999), p.571
그림 27. http://www.firstview.com/WRTWfall
그림 28. http://www.usabride.com/wedplan
그림 29. http://www.clarins.co.kr
그림 30. http://news.naver.com/news/read
그림 31. http://www.chanel.com/fb
그림 32. http://www.maccosmetics.com/templates/collections
그림 33. http://www.cliniquekorea.co.kr
그림 34. http://www.lancome.co.kr
그림 35. http://www.maccosmetics.com/templates/collections

그림 36. http://www.bryandouglasonline.com/blog
그림 37. http://www.pamela-anderson.plug-in.pl/pics
그림 38. http://www.giantrobot.com/issues
그림 39. http://www.albany.edu
그림 40. http://www.beautyriot.com/HTML
http://www.nabou.com/celebrities
그림 41. Charolotte Seeling(1999), p.573
그림 42. Phaidon(1998), p.483
그림 43. Fashion News Vol.44, 1997.12, 표지
p.27
그림 44. Ted Polhemus(1994), p.78
그림 45. Fashion News Vol.50, 1998.12, p.135
그림 46. p.105
그림 47. p.60
그림 48. http://focus.msn.de/D/DG
그림 49. http://www.sat1.de/redirect.inc
http://www.planet-friseur.com/pics_kolumne
그림 50. http://www.skins.be/framepic
http://www.alwaysgirls.com/download
http://www.celebrity-image.com
그림 51. http://www.stevelandis.com
Phaidon(1998), P.340
그림 52. http://www.geocities.com/SouthBeach/Lights
http://www.leidigu.de
Linda Watson(1999), p.233
http://pictureshq.net
그림 53. Linda Watson(1999), p.54
그림 54. http://www.firstview.com/Spring96
그림 55. Phaidon(1998), P.294
그림 56. Fashion News Vol.44, 1997.12, p.69
p.64
p.47
Phaidon(1998), p.255

미 용

INDEX

미 용

INDEX

ㅎ